建筑工程施工工艺标准

建筑地面工程
施工工艺标准

(ZJQ00—SG—003—2003)

中国建筑工程总公司

中国建筑工业出版社

图书在版编目(CIP)数据

建筑地面工程施工工艺标准／中国建筑工程总公司
北京：中国建筑工业出版社，2003
（建筑工程施工工艺标准）
ISBN 7-112-05954-2

Ⅰ．建… Ⅱ．中… Ⅲ．地面工程—工程施工—标准—中国 Ⅳ．TU767-65

中国版本图书馆 CIP 数据核字(2003)第 066799 号

建筑工程施工工艺标准
建筑地面工程施工工艺标准
中国建筑工程总公司

*

中国建筑工业出版社出版、发行(北京西郊百万庄)
新 华 书 店 经 销
北京云浩印刷有限责任公司印刷

*

开本：850×1168 毫米 1/32 印张：9⅜ 字数：252 千字
2003 年 9 月第一版 2004 年 8 月第二次印刷
印数：20001—24500 册 定价：**18.00** 元
ISBN 7-112-05954-2
TU·5231(11593)
版权所有 翻印必究
如有印装质量问题，可寄本社退换
(邮政编码 100037)
本社网址：http://www.china-abp.com.cn
网上书店：http://www.china-building.com.cn

本书是《建筑工程施工工艺标准》系列丛书之一,由中国建筑工程总公司依据最新修订的建筑工程施工质量验收规范编写而成。是中建集团多年宝贵施工经验的总结和升华,体现了中国最大、最强建筑施工企业的施工水平和技术水准。内容包括27项不同类型的建筑地面工程的施工工艺标准。

本书具权威性、全面性和实用性,可作为建筑企业施工操作的技术依据和内部工程验收标准,也可作为项目工程施工方案、技术交底的蓝本。是施工技术人员不可缺少的施工操作指导用书。

* * *

责任编辑　王莉慧
责任设计　彭路路
责任校对　张　虹

《建筑工程施工工艺标准》编写委员会

主　　任：郭爱华
副 主 任：毛志兵
委　　员：(以姓氏笔画顺序)
　　　　　　邓明胜　史如明　朱华强　李　健　吴之昕
　　　　　　肖绪文　张　琨　柴效增　虢明跃
策　　划：毛志兵　张晶波
编　　辑：欧亚明　宋中南　刘若冰　刘宝山
顾　　问：孙振声　王　萍
特邀专家：卫　明

《建筑地面工程施工工艺标准》
编写人员名单

主　编: 朱华强
副主编: (以姓氏笔画排序)
　　　　吴之昕　肖绪文　虢明跃
审定专家: (以姓氏笔画排序)
　　　　于吉鹏　王存贵　王玉岭　王　萍　孙振声
　　　　刘国忠　李重文　李　真　杨　萍　张培建
　　　　邵　辉　赵　俭　闻　敬　施锦飞　徐士林
　　　　钱　江　韩立群　颜天代
参编人员:
中国建筑工程总公司　张晶波
中国建筑一局(集团)有限公司
　　　　刘锡洁　刘　源　李万成　胡春凯　曹颜军
　　　　路占卫　任　波　富笑伟　张　力　刘　刚
　　　　谢彤彤　叶　梅　梅晓丽
中国建筑第四工程局　陆宇子　黎　明　刘　慧
中国建筑第六工程局　陆海英　张佩臣　严令厚
　　　　　　　　　孟相旗　程建强　孙胥亮
　　　　　　　　　姬　虹　张晓东　方光洋
中国建筑第八工程局　徐宏志　庞爱红　程树标
　　　　　　　　　陈立全　马忠学

序

　　一个企业的管理水平和技术优势是关系其发展的关键因素，而企业技术标准在提升管理水平和技术优势的过程中起着相当重要的作用，它是保证工程质量和安全的工具，实现科学管理的保证，促进技术进步的载体，提高企业经济效益和社会效益的手段。

　　在西方发达国家，企业技术标准一直作为衡量企业技术水平和管理水平的重要指标。中国建筑工程总公司作为中国建筑行业的排头兵，长期以来一直非常重视企业技术标准的建设，将其作为企业生存和发展的重要基础工作和科技创新的重点之一。经过多年努力，取得了可喜的成绩，形成了一大批企业技术标准，促进企业生产的科学化、标准化、规范化。中建总公司企业技术标准已成为"中国建筑"独特的核心竞争力。

　　中国加入WTO后，随着我国市场经济体制的不断完善，企业技术标准体系在市场竞争中将会发挥越来越重要的作用。面对建筑竞争日趋激烈的市场环境，我们顺应全球经济、技术一体化的发展趋势，及时调整了各项发展战略。遵循"商业化、集团化、科学化"的发展思路，在企业技术标准建设层面上，我们响应国家工程建设标准化改革号召，适时建立了集团公司自己的技术标准体系，加速推进企业的技术标准建设。通过技术标准建设的实施，使企业实现"低成本竞争，高品质管理"，提升整个集团项目管理水平，保障企业取得了跨越式发展，为我们实现"一最两跨"（将中建总公司建设成为最具国际竞争力的中国建筑集团；在2010年前，全球经营跨入世界500强、海外经营跨入国际著名承包商前10名）的奋斗目标提供了良好的技术支撑。

企业技术标准是企业发展的源泉，我们要在新的市场格局下，抓住契机，坚持不懈地开展企业技术标准化建设，加速建立以技术标准体系为主体、管理标准体系和工作标准体系为支撑的三大完善的标准体系，争取更高质量的发展。

《建筑工程施工工艺标准》是中建总公司集团内一大批经验丰富的科技工作者，集合中建系统整体资源，本着对中建企业、对中国建筑业极大负责的态度，精心编制而成的。在此，我谨代表中建总公司和技术标准化委员会，对这些执著奉献的中建人，致以诚挚的谢意。

该标准是中建总公司的一笔宝贵财富，希望通过该标准的出版，能为中国建筑企业技术标准建设和全行业的发展，起到积极的推进作用。

中国建筑工程总公司副总裁
技术标准化委员会主任　　　　郭爱华

前　言

我国自 2002 年 3 月 1 日起进行施工技术标准化改革，出台了《建筑工程质量验收统一标准》和 13 个分部工程的质量验收规范，实行建筑法规与技术标准相结合的体制。改革后，在新版系列规范中删除了原规范中关于"施工工艺和技术"的有关内容，施工工艺规范被定位为企业内控的标准。这一改革使各建筑企业均把企业技术标准的建设放在了企业发展的重要位置。企业的技术标准已成为其进入市场参与竞争的通行证。

中国建筑工程总公司历来十分注重企业技术标准的建设，将企业技术标准作为关系企业发展的重要基础工作来抓。2002 年下半年又专门组织成立了企业技术标准化委员会，负责我集团技术标准的批准发布，为企业技术标准化建设提供了组织保障。去年下半年正式启动了企业技术标准的编制工作，制定并下发了企业技术标准规划方案，搭建了企业技术标准建设的基本框架，在统一中建系统企业技术标准模板上，出台了中建总公司技术标准编制细则和统一编制模板，按技术标准的不同种类规定出了编制方法，充分体现中建系统的技术优势和特色。

此次出版的系列标准是我们所编制的众多企业技术标准中的一类，也是其中应用最为普遍的常规施工工艺标准。该标准由中建总公司科技开发部负责统一策划组织，集团内中建一至八局、中建国际建设公司，以及其他专业公司等多家单位参与了编制工作，是我集团多年施工过程中宝贵经验的整合、总结和升华，体现了中建特色和技术优势。

本标准是根据施工验收规范量身订做的系列标准，包括混凝土、建筑装饰、钢结构、建筑屋面、防水、地基基础、砌体工程、地面工程、建筑电气、给排水及采暖、通风空调、电梯工程共 12 项施工工艺标准分册。具有如下特点：1. 全书全线贯穿了建设部"验评分离、强化验收、完善手段、过程控制"的十六字方针；2. 以国家新版 14 项验收规范量身定做，符合国家施工验收规范要求；3. 融入了国家工程建设强制性条文的内容，对施工指导更具实时性；4. 在标准中考虑了施工环境的南北差异，适合于中国各地企业；5. 加入了环保及控制环境污染的措施，符合建筑业发展需要；6. 通过大量的数据、文字以及图表形式对工艺流程进行了详尽描述，具有很强的现场指导性；7. 在对施工技术进行指导的过程中融入了管理的成分，更有利于推进项目整体管理水平。

  本标准可以作为企业生产操作的技术依据和内部验收标准；项目工程施工方案、技术交底的蓝本；编制投标方案和签定合同的技术依据；技术进步、技术积累的载体。

  在本标准编制的过程中，得到了建设部有关领导的大力支持，给我们提出了很多宝贵意见。许多专家也对该标准进行了精心的审定。在此，对以上领导、专家以及编辑、出版人员所付出的辛勤劳动，表示衷心的感谢。

编者

目 录

1 灰土垫层施工工艺标准 ·· 1
   1.1 总则 ··· 1
   1.2 术语 ··· 1
   1.3 基本规定 ··· 3
   1.4 施工准备 ··· 3
   1.5 材料和质量要点 ··· 4
   1.6 施工工艺 ··· 5
   1.7 质量标准 ··· 7
   1.8 成品保护 ··· 8
   1.9 安全环保措施 ··· 8
   1.10 质量记录 ·· 9

2 砂垫层和砂石垫层施工工艺标准 ·· 10
   2.1 总则 ·· 10
   2.2 术语 ·· 10
   2.3 基本规定 ·· 10
   2.4 施工准备 ·· 12
   2.5 材料和质量要点 ·· 13
   2.6 施工工艺 ·· 14
   2.7 质量标准 ·· 16
   2.8 成品保护 ·· 17
   2.9 安全环保措施 ·· 17
   2.10 质量记录 ··· 17

3 碎石垫层和碎砖垫层施工工艺标准 ······································ 19
   3.1 总则 ·· 19

3.2 术语 ································ 19
　　3.3 基本规定 ···························· 19
　　3.4 施工准备 ···························· 21
　　3.5 材料和质量要点 ······················ 22
　　3.6 施工工艺 ···························· 23
　　3.7 质量标准 ···························· 24
　　3.8 成品保护 ···························· 24
　　3.9 安全环保措施 ························ 25
　　3.10 质量记录 ··························· 25
4 三合土垫层施工工艺标准 ···················· 26
　　4.1 总则 ································ 26
　　4.2 术语 ································ 26
　　4.3 基本规定 ···························· 26
　　4.4 施工准备 ···························· 28
　　4.5 材料和质量要点 ······················ 29
　　4.6 施工工艺 ···························· 30
　　4.7 质量标准 ···························· 31
　　4.8 成品保护 ···························· 32
　　4.9 安全环保措施 ························ 32
　　4.10 质量记录 ··························· 33
5 炉渣垫层施工工艺标准 ······················ 34
　　5.1 总则 ································ 34
　　5.2 术语 ································ 34
　　5.3 基本规定 ···························· 34
　　5.4 施工准备 ···························· 36
　　5.5 材料和质量要点 ······················ 37
　　5.6 施工工艺 ···························· 38
　　5.7 质量标准 ···························· 40
　　5.8 成品保护 ···························· 41
　　5.9 安全环保措施 ························ 41

  5.10 质量记录 ……………………………………… 42
6 水泥混凝土垫层施工工艺标准 ……………………… 43
  6.1 总则 …………………………………………… 43
  6.2 术语 …………………………………………… 43
  6.3 基本规定 ……………………………………… 44
  6.4 施工准备 ……………………………………… 45
  6.5 材料和质量要点 ……………………………… 46
  6.6 施工工艺 ……………………………………… 47
  6.7 质量标准 ……………………………………… 50
  6.8 成品保护 ……………………………………… 50
  6.9 安全环保措施 ………………………………… 51
  6.10 质量记录 ……………………………………… 51
7 找平层工程施工工艺标准 …………………………… 52
  7.1 总则 …………………………………………… 52
  7.2 术语 …………………………………………… 52
  7.3 基本规定 ……………………………………… 52
  7.4 施工准备 ……………………………………… 54
  7.5 材料和质量要点 ……………………………… 55
  7.6 施工工艺 ……………………………………… 57
  7.7 质量标准 ……………………………………… 59
  7.8 成品保护 ……………………………………… 61
  7.9 安全环保措施 ………………………………… 61
  7.10 质量记录 ……………………………………… 62
8 隔离层工程施工工艺标准 …………………………… 63
  8.1 总则 …………………………………………… 63
  8.2 术语 …………………………………………… 63
  8.3 基本规定 ……………………………………… 63
  8.4 施工准备 ……………………………………… 64
  8.5 材料和质量要点 ……………………………… 65
  8.6 施工工艺 ……………………………………… 66

8.7	质量标准	68
8.8	成品保护	69
8.9	安全环保措施	69
8.10	质量记录	70

9 填充层施工工艺标准 ………………………………… 71
  9.1 总则 ………………………………………………… 71
  9.2 术语 ………………………………………………… 71
  9.3 基本规定 …………………………………………… 72
  9.4 施工准备 …………………………………………… 72
  9.5 材料和质量要点 …………………………………… 75
  9.6 施工工艺 …………………………………………… 76
  9.7 质量标准 …………………………………………… 78
  9.8 成品保护 …………………………………………… 79
  9.9 安全环保措施 ……………………………………… 79
  9.10 质量记录 ………………………………………… 79

10 水泥混凝土面层施工工艺标准 …………………… 80
  10.1 总则 ………………………………………………… 80
  10.2 术语 ………………………………………………… 80
  10.3 基本规定 …………………………………………… 80
  10.4 施工准备 …………………………………………… 81
  10.5 材料和质量要点 …………………………………… 83
  10.6 施工工艺 …………………………………………… 85
  10.7 质量标准 …………………………………………… 86
  10.8 成品保护 …………………………………………… 87
  10.9 安全环保措施 ……………………………………… 88
  10.10 质量记录 ………………………………………… 88

11 水泥砂浆面层施工工艺标准 …………………… 89
  11.1 总则 ………………………………………………… 89
  11.2 术语 ………………………………………………… 89
  11.3 基本规定 …………………………………………… 89

  11.4 施工准备 ································· 90
  11.5 材料和质量要点 ····················· 91
  11.6 施工工艺 ································· 93
  11.7 质量标准 ································· 94
  11.8 成品保护 ································· 96
  11.9 安全环保措施 ·························· 96
  11.10 质量记录 ······························· 96

12 水磨石面层工程施工工艺标准 ·············· 98
  12.1 总则 ·· 98
  12.2 术语 ·· 98
  12.3 基本规定 ································· 99
  12.4 施工准备 ································· 100
  12.5 材料和质量要点 ····················· 101
  12.6 施工工艺 ································· 103
  12.7 质量标准 ································· 106
  12.8 成品保护 ································· 108
  12.9 安全环保措施 ·························· 108
  12.10 质量记录 ······························· 108

13 水泥钢(铁)屑面层施工工艺标准 ············· 110
  13.1 总则 ·· 110
  13.2 术语 ·· 110
  13.3 基本规定 ································· 111
  13.4 施工准备 ································· 112
  13.5 材料和质量要点 ····················· 113
  13.6 施工工艺 ································· 115
  13.7 质量标准 ································· 118
  13.8 成品保护 ································· 119
  13.9 安全环保措施 ·························· 120
  13.10 质量记录 ······························· 120

14 防油渗面层施工工艺标准 ·················· 121

	14.1	总则	121
	14.2	术语	121
	14.3	基本规定	122
	14.4	施工准备	122
	14.5	材料和质量要点	124
	14.6	施工工艺	125
	14.7	质量标准	129
	14.8	成品保护	129
	14.9	安全环保措施	130
	14.10	质量记录	130

15 不发火(防爆的)面层施工工艺标准 …… 132
- 15.1 总则 …… 132
- 15.2 术语 …… 132
- 15.3 基本规定 …… 133
- 15.4 施工准备 …… 134
- 15.5 材料和质量要点 …… 136
- 15.6 施工工艺 …… 137
- 15.7 质量标准 …… 139
- 15.8 成品保护 …… 140
- 15.9 安全环保措施 …… 140
- 15.10 质量记录 …… 141

16 涂料地面面层施工工艺标准 …… 142
- 16.1 总则 …… 142
- 16.2 术语 …… 142
- 16.3 基本规定 …… 143
- 16.4 施工准备 …… 143
- 16.5 材料和质量要点 …… 144
- 16.6 施工工艺 …… 146
- 16.7 质量标准 …… 147
- 16.8 成品保护 …… 148

16.9 安全环保措施 148
　　16.10 质量记录 149
17 砖面层施工工艺标准 150
　　17.1 总则 150
　　17.2 术语 150
　　17.3 基本规定 151
　　17.4 施工准备 152
　　17.5 材料和质量要点 154
　　17.6 施工工艺 156
　　17.7 质量标准 159
　　17.8 成品保护 160
　　17.9 安全环保措施 161
　　17.10 质量记录 161
18 大理石面层和花岗石面层施工工艺标准 162
　　18.1 总则 162
　　18.2 术语 162
　　18.3 基本规定 163
　　18.4 施工准备 164
　　18.5 材料和质量要点 165
　　18.6 施工工艺 167
　　18.7 质量标准 169
　　18.8 成品保护 171
　　18.9 安全环保措施 171
　　18.10 质量记录 172
19 预制板块面层施工工艺标准 173
　　19.1 总则 173
　　19.2 术语 173
　　19.3 基本规定 174
　　19.4 施工准备 175
　　19.5 材料和质量要点 176

	19.6	施工工艺 …………………………………	177
	19.7	质量标准 …………………………………	179
	19.8	成品保护 …………………………………	180
	19.9	安全环保措施 ……………………………	181
	19.10	质量记录 ………………………………	181
20	料石面层施工工艺标准 ………………………		182
	20.1	总则 ……………………………………	182
	20.2	术语 ……………………………………	182
	20.3	基本规定 …………………………………	183
	20.4	施工准备 …………………………………	183
	20.5	材料和质量要求 …………………………	185
	20.6	施工工艺 …………………………………	186
	20.7	质量标准 …………………………………	188
	20.8	成品保护 …………………………………	189
	20.9	安全环保措施 ……………………………	190
	20:10	质量记录 ………………………………	190
21	塑料地板面层施工工艺标准 ……………………		192
	21.1	总则 ……………………………………	192
	21.2	术语 ……………………………………	192
	21.3	基本规定 …………………………………	192
	21.4	施工准备 …………………………………	193
	21.5	材料和质量要点 …………………………	196
	21.6	施工工艺 …………………………………	198
	21.7	质量标准 …………………………………	202
	21.8	成品保护 …………………………………	203
	21.9	安全环保措施 ……………………………	204
	21.10	质量记录 ………………………………	204
22	活动地板面层施工工艺标准 ……………………		205
	22.1	总则 ……………………………………	205
	22.2	术语 ……………………………………	205

	22.3 基本规定	206
	22.4 施工准备	206
	22.5 材料和质量要点	207
	22.6 施工工艺	209
	22.7 质量标准	212
	22.8 成品保护	212
	22.9 安全环保措施	213
	22.10 质量记录	213
23	地毯面层施工工艺标准	215
	23.1 总则	215
	23.2 术语	215
	23.3 基本规定	216
	23.4 施工准备	217
	23.5 材料和质量要点	218
	23.6 施工工艺	220
	23.7 质量标准	222
	23.8 成品保护	222
	23.9 安全环保措施	222
	23.10 质量记录	223
24	实木地板面层施工工艺标准	224
	24.1 总则	224
	24.2 术语	224
	24.3 基本规定	225
	24.4 施工准备	226
	24.5 材料和质量要点	228
	24.6 施工工艺	230
	24.7 质量标准	233
	24.8 成品保护	234
	24.9 安全环保措施	235
	24.10 质量记录	235

25	实木复合地板面层施工工艺标准	236
	25.1 总则	236
	25.2 术语	236
	25.3 基本规定	237
	25.4 施工准备	238
	25.5 材料和质量要点	243
	25.6 施工工艺	244
	25.7 质量标准	247
	25.8 成品保护	248
	25.9 安全环保措施	249
	25.10 质量记录	249
26	中密度(强化)复合地板面层施工工艺标准	250
	26.1 总则	250
	26.2 术语	250
	26.3 基本规定	251
	26.4 施工准备	253
	26.5 材料和质量要点	256
	26.6 施工工艺	258
	26.7 质量标准	261
	26.8 成品保护	262
	26.9 安全环保措施	262
	26.10 质量记录	263
27	竹地板面层施工工艺标准	264
	27.1 总则	264
	27.2 术语	264
	27.3 基本规定	265
	27.4 施工准备	267
	27.5 材料和质量要点	269
	27.6 施工工艺	274
	27.7 质量标准	278

19

27.8 成品保护 ································· 279
27.9 安全环保措施 ····························· 279
27.10 质量记录 ································ 280

1 灰土垫层施工工艺标准

1.1 总 则

1.1.1 适用范围

本工艺标准适用于工业与民用建筑室内地坪、室外散水坡的灰土垫层工程；地基处理时，可参照本标准执行。

1.1.2 编制参考标准及规范

(1)《建筑工程施工质量验收统一标准》(GB 50300—2001)

(2)《建筑地面工程施工质量验收规范》(GB 50209—2002)

1.2 术 语

1.2.1 基层

面层下的构造层，包括填充层、隔离层、找平层、垫层和基土等。

1.2.2 垫层

承受并传递地面荷载于基土上的构造层。

1.2.3 基土

底层地面的地基土层。

1.3 基本规定

1.3.1 在垫层工程施工时，应建立质量管理体系并严格参照本施工技术标准。

1.3.2 垫层材料应按设计要求和《建筑地面工程施工质量验收

规范》(GB 50209—2002)的规定选用,并应符合国家标准的规定;使用前,应报监理验收,合格后方准使用。

1.3.3 垫层工程所采用拌合料的配合比应按设计要求确定。

1.3.4 垫层下的沟槽、暗管等工程完工后,经检验合格并做隐蔽记录,方可进行灰土垫层工程的施工。

1.3.5 垫层的铺设,应待其下一层检验合格后方可施工上一层。铺设前与相关专业的分部(子分部)工程、分项工程以及设备管道安装工程之间,应进行交接检验。

1.3.6 室外散水、明沟、踏步、台阶和坡道等附属工程,均应符合设计要求。施工时应按《建筑地面工程施工质量验收规范》(GB 50209—2002)基层铺设中基土和相应垫层的规定执行。

1.3.7 建筑地面的变形缝应按设计要求设置,并应符合下列规定:

(1)建筑地面的沉降缝、伸缩缝和防震缝,应与结构相应缝的位置一致,且应贯通建筑地面的垫层;

(2)沉降缝和防震缝的宽度应符合设计要求,缝内清理干净,以柔性密封材料填嵌后用板封盖,并应与面层齐平。

1.3.8 垫层工程施工质量的检验,应符合下列规定:

(1)垫层的施工质量验收应按每个施工段(或变形缝)作为检验批。

(2)每检验批应以基层的分项工程按自然间(或标准间)检验,抽查数量应随机检验自然间的10%且不应少于3间;不足3间,应全数检查;其中走廊(过道)应以10延长米为1间,工业厂房(按单跨计)、礼堂、门厅应以两个轴线为1间计算。

1.3.9 垫层工程的施工质量检验的主控项目,必须达到本标准规定的质量标准,认定为合格;一般项目80%以上的检查点(处)符合规范规定的质量要求,其他检查点(处)不得有明显影响使用,并不得大于允许偏差值的50%为合格。凡达不到质量标准时,应按现行国家标准《建筑工程施工质量验收统一标准》(GB 50300—2001)的规定处理。

1.3.10 垫层工程完工前、后,检验批及分项工程应由监理工程师（建设单位项目技术负责人）组织施工单位项目专业质量（技术）负责人等进行验收。

1.4 施工准备

1.4.1 技术准备

(1) 进行技术复核，基（土）层标高、管道敷设符合设计要求，并经验收合格。

(2) 施工前应有施工方案，有详细的技术交底，并交至施工操作人员。

(3) 各种进场原材料规格、品种、材质等符合设计要求，进场后进行相应验收，并有相应施工配比通知单。

(4) 通过压实试验确定垫层每层虚铺厚度和压实遍数。

1.4.2 材料准备

(1) 土料

宜优先选用黏土、粉质黏土或粉土，不得含有有机杂物，使用前应先过筛，其粒径不大于15mm。

(2) 石灰

石灰应用块灰，使用前应充分熟化过筛，不得含有粒径大于5mm的生石灰块，也不得含有过多的水分。也可采用磨细生石灰，或用粉煤灰、电石渣代替。

1.4.3 主要机具

蛙式打夯机、机动翻斗车、手扶式振动压路机、筛子（孔径6～10mm和16～20mm两种）、标准斗、靠尺、铁耙、铁锹、水桶、喷壶、手推胶轮车等。

1.4.4 作业条件

(1) 基土表面干净、无积水，已检验合格并办理隐检手续。

(2) 基础墙体、垫层内暗管埋设完毕，并按设计要求予以稳固，检查合格，并办理中间交接验收手续。

(3) 在室内墙面已弹好控制地面垫层标高和排水坡度的水平

控制线或标志。

(4) 施工机具设备已备齐，经维修试用，可满足施工要求，水、电已接通。

1.5 材料和质量要点

1.5.1 材料的关键要求

块灰闷制的熟石灰，要用 6~10mm 的筛子过筛。

土料要用 16~20mm 的筛子过筛，确保粒径要求。

熟化石灰可采用磨细生石灰，亦可用粉煤灰或电石渣代替。当采用粉煤灰或电石渣代替熟化石灰做垫层时，其粒径不得大于 5mm，且粉煤灰放射性指标应符合有关规定。

拌合料的体积比宜通过试验确定。

1.5.2 技术关键要求

(1) 各种材料的材质符合设计要求，并经检验合格后方可使用。

(2) 灰土拌合料的体积比符合设计要求。

(3) 每层灰土的夯打遍数，应根据设计要求的干密度在现场试验确定。

1.5.3 质量关键要求

(1) 生石灰块熟化不良，没有认真过筛，颗粒过大，造成颗粒遇水熟化体积膨胀，会将上层构造层拱裂，务必认真对待熟石灰的过筛要求。

(2) 灰土拌合料应严格控制含水量，认真作好计量工作。

(3) 管道下部应注意按要求分层填土夯实，避免漏夯或夯填不密实，造成管道下方空虚，垫层破坏，管道折断，引起渗漏塌陷事故。

(4) 施工温度不应低于 +5℃，铺设厚度不应小于 100mm。

1.5.4 职业健康安全关键要求

(1) 灰土铺设、粉化石灰和石灰过筛，操作人员应戴口罩、风镜、手套、套袖等劳动保护用品，并站在上风头作业。

（2）施工机械用电必须采用三级配电两级保护，使用三相五线制，严禁乱拉乱接；打夯机操作人员，必须戴绝缘手套和穿绝缘鞋，防止漏电伤人。

1.5.5　环境关键要求

（1）垫层工程施工采用掺有水泥、石灰的拌合料铺设时，各层环境温度的控制不应低于5℃；当低于所规定的温度施工时，应采取相应的冬期措施。

（2）对扬尘的控制：配备洒水车，对干土、石灰粉等洒水或覆盖，防止扬尘。

（3）对机械的噪声控制：符合国家和地方的有关规定。

1.6　施　工　工　艺

1.6.1　工艺流程

灰土拌合 → 基土清理 → 弹线、设标志 →

分层铺灰土 → 夯打密实 → 找平验收

1.6.2　操作工艺

（1）清理基土

铺设灰土前先检验基土土质，清除松散土、积水、污泥、杂质，并打底夯两遍，使表土密实。

（2）弹线、设标志

在墙面弹线，在地面设标桩，找好标高、挂线，作控制铺填灰土厚度的标准。

（3）灰土拌合

1）灰土垫层应采用熟化石灰与黏土（或粉质黏土、粉土）的拌合料铺设，其厚度不应小于100mm。黏土含水率应符合规定。

2）灰土的配合比应用体积比，除设计有特殊要求外，一般为石灰:黏土＝2:8或3:7。通过标准斗，控制配合比。拌合时必须均匀一致，至少翻拌两次，灰土拌合料应拌合均匀，颜色一致，并保持一定的湿度，加水量宜为拌合料总重量的16%。工地检验方法是：以手握成团，两指轻捏即碎为宜。如土料水分过大或不足时，应晾干或洒水湿润。

(4) 分层铺灰土与夯实

1) 灰土垫层应铺设在不受地下水浸泡的基土上。施工后应有防止水浸泡的措施。

2) 灰土垫层应分层夯实，经湿润养护、晾干后方可进行下一道工序施工。

3) 灰土摊铺虚铺厚度一般为150~250mm（夯实后约100~150mm厚），垫层厚度超过150mm应由一端向另一端分段分层铺设，分层夯实。各层厚度钉标桩控制，夯实采用蛙式打夯机或木夯，大面积宜采用小型手扶振动压路机，夯打遍数一般不少于三遍，碾压遍数不少于六遍；人工打夯应一夯压半夯，夯夯相接，行行相接，纵横交错。灰土最小干密度（g/cm³）：对黏土为1.45；粉质黏土1.50；粉土1.55。灰土夯实后，质量标准可按压实系数（λc）进行鉴定，一般为0.93~0.95。每层夯实厚度应符合设计，在现场试验确定。

4) 质量控制

灰土回填每层夯（压）实后，应根据规范规定进行环刀取样，测出灰土的质量密度。也可用贯入度仪检查灰土质量，但应先进行现场试验确定贯入度的具体要求，以达到控制压实系数所对应的贯入度。环刀取样检验灰土干密度的检验点数，对大面积每50~100m²应不少于1个，房间每间不少于1个。并注意要绘制每层的取样点图。

(5) 垫层接缝

灰土分段施工时，上下两层灰土的接槎距离不得小于500mm。当灰土垫层标高不同时，应作成阶梯形。接槎时应将槎子垂直切齐。接缝不要留在地面荷载较大的部位。

(6) 找平与验收

灰土最上一层完成后，应拉线或用靠尺检查标高和平整度，超高处用铁锹铲平；低洼处应及时补打灰土。

(7) 雨期施工

灰土应连续进行，尽快完成，施工中应有防雨排水措施，刚打完或尚未夯实的灰土，如遭受雨淋浸泡，应将积水及松软灰土除去，并补填夯实；受浸湿的灰土，应晾干后再夯打密实。

(8) 冬期施工

灰土垫层不宜冬期施工，当施工时必须采取措施，并不得在基土受冻的状态下铺设灰土，土料不得含有冻块，应覆盖保温，当日拌合灰土，应当日铺完夯完，夯完的灰土表面应用塑料薄膜和草袋覆盖保温。

1.7 质量标准

1.7.1 主控项目

灰土体积比应符合设计要求，通过观察检查和检查配合比。

检验方法：观察检查和检查配合比通知单记录。

1.7.2 一般项目

(1) 熟化石灰颗粒粒径不得大于5mm；黏土（或粉质黏土、粉土）内不得含有有机物质，颗粒粒径不得大于15mm。

检验方法：观察检查和检查材质合格记录。

(2) 灰土垫层表面的允许偏差应符合本标准中表1.7.2的规定。

检验方法：应按本标准中表1.7.2中的检查方法检验。

灰土垫层表面的允许偏差和检验方法（mm） 表1.7.2

项次	项目	允许偏差	检验方法
1	表面平整度	10	用2m靠尺和楔形塞尺检查

续表

项次	项目	允许偏差	检验方法
2	标高	±10	用水准仪检查
3	坡度	不大于房间相应尺寸的2/1000，且不大于30	用坡度尺检查
4	厚度	在个别地方不大于设计厚度的1/10	用钢尺检查

1.8 成品保护

1.8.1 垫层铺设完毕，应尽快进行面层施工，防止长期曝晒。

1.8.2 搞好垫层周围排水措施，刚施工完的垫层，雨天应作临时覆盖，3d内不得受雨水浸泡。

1.8.3 冬期应采取保温措施，防止受冻。

1.8.4 已铺好的垫层不得随意挖掘，不得在其上行驶车辆或堆放重物。

1.9 安全环保措施

1.9.1 灰土铺设、粉化石灰和石灰过筛，操作人员应戴口罩、风镜、手套、套袖等劳动保护用品，并站在上风头作业。

1.9.2 施工机械用电必须采用三级配电两级保护，使用三相五线制，严禁乱拉乱接。

1.9.3 夯填灰土前，应先检查打夯机电线绝缘是否完好，接地线、开关是否符合要求；使用打夯机应由两人操作，其中一人负责移动打夯机胶皮电线。

1.9.4 打夯机操作人员，必须戴绝缘手套和穿绝缘鞋，防止漏电伤人。两台打夯机在同一作业面夯实时，前后距离不得小于5m，夯打时严禁夯打电线，以防触电。

1.9.5 配备洒水车，对干土、石灰粉等洒水或覆盖，防止扬尘。
1.9.6 现场噪声控制应符合有关规定。
1.9.7 车辆运输应加以覆盖，防止遗洒。
1.9.8 开挖出的污泥等应排放至垃圾堆放点。
1.9.9 防止机械漏油污染土地。
1.9.10 夜间施工时，要采用定向灯罩防止光污染。

1.10 质量记录

1.10.1 灰土垫层分项工程施工质量检验批验收记录。
1.10.2 建筑地面工程设计图纸和变更文件等。
1.10.3 施工配合比单及施工记录。
1.10.4 各摊铺层的隐蔽验收及其他有关验收文件。
1.10.5 各摊铺层的干密度或压实试验报告。
1.10.6 土壤中氡浓度检测报告。

2 砂垫层和砂石垫层施工工艺标准

2.1 总 则

2.1.1 适用范围
本工艺标准适用于工业和民用建筑的砂石地基、地基处理和地面垫层。
2.1.2 编制参考标准及规范
(1)《建筑工程施工质量验收统一标准》(GB 50300—2001)
(2)《建筑地面工程施工质量验收规范》(GB 50209—2002)

2.2 术 语

2.2.1 基层
面层下的构造层,包括填充层、隔离层、找平层、垫层和基土等。
2.2.2 垫层
承受并传递地面荷载于基土上的构造层。
2.2.3 基土
底层地面的地基土层。

2.3 基本规定

2.3.1 在垫层工程施工时,应建立质量管理体系并严格参照本施工技术标准。
2.3.2 垫层材料应按设计要求和《建筑地面工程施工质量验收

规范》(GB 50209—2002)的规定选用,并应符合国家标准的规定;使用前,应报监理验收,合格后方准使用。

2.3.3 垫层工程所采用拌合料的配合比或强度等级应按设计要求确定。

2.3.4 垫层下的沟槽、暗管等工程完工后,经检验合格并做隐蔽记录,方可进行垫层工程的施工。

2.3.5 垫层的铺设,应待其下一层检验合格后方可施工上一层。铺设前与相关专业的分部(子分部)工程、分项工程以及设备管道安装工程之间,应进行交接检验。

2.3.6 室外散水、明沟、踏步、台阶和坡道等附属工程,均应符合设计要求。施工时应按《建筑地面工程施工质量验收规范》(GB 50209—2002)基层铺设中基土和相应垫层的规定执行。

2.3.7 建筑地面的变形缝应按设计要求设置,并应符合下列规定:

(1) 建筑地面的沉降缝、伸缩缝和防震缝,应与结构相应缝的位置一致,且应贯通建筑地面的垫层;

(2) 沉降缝和防震缝的宽度应符合设计要求,缝内清理干净,以柔性密封材料填嵌后用板封盖,并应与面层齐平。

2.3.8 垫层工程施工质量的检验,应符合下列规定:

(1) 垫层的施工质量验收应按每个施工段(或变形缝)作为检验批。

(2) 每检验批应以各子分部工程的基层按自然间(或标准间)检验,抽查数量应随机检验不应少于3间;不足3间,应全数检查;其中走廊(过道)应以10延长米为1间,工业厂房(按单跨计)、礼堂、门厅应以两个轴线为1间计算。

2.3.9 垫层工程的施工质量检验的主控项目,必须达到本标准规定的质量标准,认定为合格;一般项目80%以上的检查点(处)符合规范规定的质量要求,其他检查点(处)不得有明显影响使用,并不得大于允许偏差值的50%为合格。凡达不到质量标准时,应按现行国家标准《建筑工程施工质量验收统一标准》(GB 50300—2001)的规定处理。

2.3.10 垫层工程完工前、后，检验批及分项工程应由监理工程师（建设单位项目技术负责人）组织施工单位项目专业质量（技术）负责人等进行验收。

2.4 施工准备

2.4.1 技术准备

（1）进行技术复核，基层标高、管道敷设符合设计要求，并经验收合格。

（2）施工前应有施工方案，有详细的技术交底，并交至施工操作人员。

（3）各种进场原材料规格、品种、材质等符合设计要求，进场后进行相应验收，并对砂石进行检验，级配和含泥量符合设计要求后方可使用；并有相应施工配比通知单。

（4）通过压实试验确定垫层每层虚铺厚度和压实遍数。

2.4.2 材料准备

（1）天然级配砂石或人工级配砂石宜采用质地坚硬的中砂、粗砂、砾砂、碎（卵）石、石屑或其他工业废料。在缺少中、粗砂和砾石的地区，可采用细砂，但宜同时掺入一定数量的碎石或卵石，其掺量应符合设计要求。颗粒级配应良好。

（2）级配砂石材料，不得含有草根、树叶、塑料袋等有机杂物及垃圾。用做排水固结地基时，含泥量不宜超过3%。

（3）碎石或卵石最大粒径不得大于垫层或虚铺厚度的2/3，并不宜大于50mm。

2.4.3 主要机具

蛙式打夯机、手扶式振动压路机、机动翻斗车、筛子、铁锹、铁耙、量斗、水桶、喷壶、手推胶轮车、2m靠尺等。

2.4.4 作业条件

（1）基土表面干净、无积水，已检验合格并办理隐检手续。

(2) 基础墙体、垫层内暗管埋设完毕，并按设计要求予以稳固，检查合格，并办理中间交接验收手续。

(3) 在室内墙面已弹好控制地面垫层标高和排水坡度的水平控制线或标志。

(4) 施工机具设备已备齐，经维修试用，可满足施工要求，水、电已接通。

2.5 材料和质量要点

2.5.1 材料的关键要求

砂石应优先选用天然级配材料，材料级配符合设计和施工要求；不得有粗细颗粒分离现象。

2.5.2 技术关键要求

(1) 各种材料的材质符合设计要求，并经检验合格后方可使用。

(2) 砂垫层和砂石垫层的体积比符合设计要求。

(3) 若设计没有规定时，砂垫层厚度不应小于60mm，砂石垫层厚度不宜小于100mm。

2.5.3 质量关键要求

(1) 砂垫层和砂石垫层施工温度不低于0℃。如低于上述温度时，应按冬期施工要求，采取相应措施。

(2) 砂垫层铺平后，应洒水湿润，并宜采用机具振实。

(3) 垫层铺设时每层厚度宜一次铺设，不得在夯压后再行补填或铲削。

(4) 砂垫层采用机械或人工夯实时，均不应少于3遍，并压（夯）至不松动为止。

(5) 夯压完的垫层如遇雨水浸泡基土或行驶车辆振动造成松动，应在排除积水和整平后，重新夯压密实。

2.5.4 职业健康安全关键要求

(1) 砂过筛时，操作人员应戴口罩、风镜、手套、套袖等劳动保护用品，并站在上风头作业。

(2) 施工机械用电必须采用三级配电两级保护，使用三相五线制，严禁乱拉乱接；打夯机操作人员，必须戴绝缘手套和穿绝缘鞋，防止漏电伤人。

(3) 大型机械操作人员要持证上岗。

2.5.5 环境关键要求

(1) 对扬尘的控制：配备洒水车，对砂石等洒水或覆盖，防止扬尘。

(2) 对机械的噪声控制：符合国家和地方的有关规定。

(3) 采用砂、石材、碎砖料铺设时，不应低于 0℃；当低于所规定的温度施工时，应采取相应的冬期措施。

2.6 施 工 工 艺

2.6.1 工艺流程

基层清理 → 弹线、设标志 → 分层铺筑 → 洒水 → 夯实或碾压 → 找平验收

2.6.2 操作工艺

(1) 清理基土

铺设垫层前先检验基土土质，清除松散土、积水、污泥、杂质，并打底夯两遍，使表土密实。

(2) 弹线、设标志

在墙面弹线，在地面设标桩，找好标高、挂线，作控制铺填砂或砂石垫层厚度的标准。

(3) 分层铺筑砂（或砂石）

1) 铺筑砂（或砂石）的厚度，一般为 150～200mm，不宜超过 300mm，分层厚度可用样桩控制。视不同条件，可选用夯实或压实的方法。大面积的砂垫层，铺填厚度可达 350mm，宜采用 6～10t 的压路机碾压。

2）砂和砂石宜铺设在同一标高的基土上，如深度不同时，基土底面应挖成踏步和斜坡形，接槎处应注意压（夯）实。施工应按先深后浅的顺序进行。

3）分段施工时，接槎处应作成斜坡，每层接槎处的水平距离应错开0.5~1.0m，并充分压（夯）实。

（4）洒水

铺筑级配砂在夯实碾压前，应根据其干湿程度和气候条件，适当洒水湿润，以保持砂的最佳含水量，一般为8%~12%。

（5）碾压或夯实

1）夯实或碾压的遍数，由现场试验确定，作业时应严格按照试验所确定的参数进行。用打夯机夯实时，一般不少于3遍，木夯应保持落距为400~500mm，要一夯压半夯，夯夯相接，行行相连，全面夯实。采用压路机碾压，一般不少于4遍，其轮距搭接不小于500mm。边缘和转角处应用人工或蛙式打夯机补夯密实，振实后的密实度应符合设计要求。

2）当基土为非湿陷性土层时，砂垫层施工可随浇水随压（夯）实。每层虚铺厚度不应大于200mm。

（6）找平和验收

施工时应分层找平，夯压密实，最后一层压（夯）完成后，表面应拉线找平，并且要符合设计规定的标高。

（7）雨期施工

砂施工应连续进行，尽快完成，施工中应有防雨排水措施，刚铺筑完或尚未夯实的砂，如遭受雨淋浸泡，应将积水排走，晾干后再夯打密实。

（8）冬期施工

不得在基土受冻的状态下铺设砂，砂中不得含有冻块，夯完的砂表面应用塑料薄膜或草袋覆盖保温。砂石垫层冬期不宜施工。

（9）质量控制

施工时应分层找平、夯压密实，采用环刀法取样，测定干密度，砂垫层干密度以不小于该砂料在中密度状态时的干密度数值为合格；中砂在中密度状态的干密度，一般为 1.55～1.60 g/cm³，下层密实度合格后，方可进行上层施工。用贯入法测定质量时，用贯入仪、钢筋或钢叉等以贯入度进行检查，小于试验所确定的贯入度为合格。

2.7 质量标准

2.7.1 主控项目

(1) 砂和砂石不得含有草根等有机杂质；砂应采用中砂；石子最大粒径不得大于垫层厚度的 2/3。

检验方法：观察检查和检查材质合格证明文件及检测报告。

(2) 砂垫层和砂石垫层的干密度（或贯入度）应符合设计要求。

检验方法：观察检查和检查试验纪录。

2.7.2 一般项目

(1) 表面不应有砂窝、石堆等质量缺陷。

检验方法：观察检查。

(2) 砂垫层和砂石垫层的允许偏差应符合本标准中表 2.7.2 的规定。

检验方法：应按本标准中表 2.7.2 的检查方法检验。

砂垫层和砂石垫层表面的允许偏差和检验方法（mm） 表 2.7.2

项次	项 目	允许偏差	检验方法
1	表面平整度	15	用 2m 靠尺和楔形塞尺检查
2	标 高	±20	用水准仪检查
3	坡 度	不大于房间相应尺寸的 2/1000，且不大于 30	用坡度尺检查
4	厚 度	在个别地方不大于设计厚度的 1/10	用钢尺检查

2.8 成品保护

2.8.1 垫层铺设完毕，应尽快进行上一层的施工，防止长期暴露；如长时间不进行上部作业应进行遮盖和拦挡，并经常洒水湿润。

2.8.2 搞好垫层周围排水措施，刚施工完的垫层，雨天应作临时覆盖，不得受雨水浸泡。

2.8.3 冬期应采取保温措施，防止受冻。

2.8.4 已铺好的垫层不得随意挖掘，不得在其上行驶车辆或堆放重物。

2.9 安全环保措施

2.9.1 砂过筛时，操作人员应戴口罩、风镜、手套、套袖等劳动保护用品，并站在上风头作业。

2.9.2 现场电气装置和机具应符合施工用电和机械设备安全管理规定。

2.9.3 打夯机操作人员，必须戴绝缘手套和穿绝缘鞋，防止漏电伤人。两台打夯机在同一作业面夯实时，前后距离不得小于5m，夯打时严禁夯打电线，以防触电。

2.9.4 配备洒水车，对干砂石等洒水或覆盖，防止扬尘。

2.9.5 现场噪声控制应符合有关规定。

2.9.6 运输车辆应加以覆盖，防止遗洒。

2.9.7 夜间施工时，要采用定向灯罩防止光污染。

2.10 质量记录

2.10.1 砂垫层和砂石垫层分项工程施工质量检验批验收记录。

2.10.2 材料进场检验报告。

2.10.3 施工配合比单。
2.10.4 各摊铺层的隐蔽验收及其他有关验收文件。
2.10.5 砂垫层和砂石垫层的干密度（或贯入度）试验记录。
2.10.6 土壤中氡浓度检测报告。

3 碎石垫层和碎砖垫层施工工艺标准

3.1 总则

3.1.1 适用范围
本工艺标准适用于工业与民用建筑地面和路面采用碎石垫层和碎砖垫层工程。
3.1.2 编制参考标准及规范
(1)《建筑工程施工质量验收统一标准》(GB 50300—2001)
(2)《建筑地面工程施工质量验收规范》(GB 50209—2002)

3.2 术语

3.2.1 基层
面层下的构造层,包括填充层、隔离层、找平层、垫层和基土等。
3.2.2 垫层
承受并传递地面荷载于基土上的构造层。
3.2.3 基土
底层地面的地基土层。

3.3 基本规定

3.3.1 在垫层工程施工时,应建立质量管理体系并严格参照本施工工艺标准。
3.3.2 垫层材料应按设计要求和《建筑地面工程施工质量验收

规范》(GB 50209—2002)的规定选用，并应符合国家标准的规定；使用前，应报监理验收，合格后方准验收。

3.3.3 垫层下的沟槽、暗管等工程完工后，经检验合格并做隐蔽记录，方可进行垫层工程的施工。

3.3.4 垫层的铺设，应待其下一层检验合格后方可施工上一层。铺设前与相关专业的分部（子分部）工程、分项工程以及设备管道安装工程之间，应进行交接检验。

3.3.5 室外散水、明沟、踏步、台阶和坡道等附属工程，均应符合设计要求。施工时应按《建筑地面工程施工质量验收规范》(GB 50209—2002)基层铺设中基土和相应垫层的规定执行。

3.3.6 建筑地面的变形缝应按设计要求设置，并应符合下列规定：

（1）建筑地面的沉降缝、伸缩缝和防震缝，应与结构相应缝的位置一致，且应贯通建筑地面的垫层；

（2）沉降缝和防震缝的宽度应符合设计要求，缝内清理干净，以柔性密封材料填嵌后用板封盖，并应与面层齐平。

3.3.7 垫层工程施工质量的检验，应符合下列规定：

（1）垫层的施工质量验收应按每个施工段（或变形缝）作为检验批。

（2）每检验批应以各子分部工程的基层按自然间（或标准间）检验，抽查数量应随机检验不应少于3间；不足3间，应全数检查；其中走廊（过道）应以10延长米为1间，工业厂房（按单跨计）、礼堂、门厅应以两个轴线为1间计算。

3.3.8 垫层工程的施工质量检验的主控项目，必须达到本标准规定的质量标准，认定为合格；一般项目80%以上的检查点（处）符合规范规定的质量要求，其他检查点（处）不得有明显影响使用，并不得大于允许偏差值的50%为合格。凡达不到质量标准时，应按现行国家标准《建筑工程施工质量验收统一标准》(GB 50300—2001)的规定处理。

3.3.9 垫层工程完工前、后，检验批及分项工程应由监理工程师（建设单位项目技术负责人）组织施工单位项目专业质量（技术）负责人等进行验收。

3.4 施工准备

3.4.1 技术准备

（1）进行技术复核，基层标高、管道敷设符合设计要求，并经验收合格。

（2）施工前应有施工方案，有详细的技术交底，并交至施工操作人员。

（3）各种进场原材料规格、品种、材质等符合设计要求，进场后进行相应验收，并对砂石进行检验，级配和含泥量符合设计要求后方可使用；并有相应施工配比通知单。

3.4.2 材料准备

（1）碎石

宜采用强度均匀、质地坚硬未风化的碎石，粒径一般为5～40mm，且不大于垫层厚度的2/3。

（2）碎砖

碎砖粒径20～60mm，不得夹有风化、酥松碎块、瓦片和有机杂质。

3.4.3 主要机具

蛙式打夯机、手扶式振动压路机、机动翻斗车、铁锹、铁耙、筛子、手推胶轮车、铁锤等，工程量较大时，还应有自卸汽车、推土机和压路机等。

3.4.4 作业条件

（1）基土表面干净、无积水，已检验合格并办理隐检手续。

（2）基础墙体、垫层内暗管埋设完毕，并按设计要求予以稳固，检查合格，并办理中间交接验收手续。

（3）在室内墙面已弹好控制地面垫层标高和排水坡度的水平控制线或标志。

(4) 施工机具设备已备齐, 经维修试用, 可满足施工要求, 水、电已接通。

3.5 材料和质量要点

3.5.1 材料的关键要求
石子宜采用坚硬、耐磨、级配良好的碎石或卵石, 最大粒径不应大于垫层厚度的 2/3; 碎砖的颗粒粒径不应大于 60mm。

3.5.2 技术关键要求
(1) 各种材料的材质符合设计要求, 并经检验合格后方可使用。

(2) 碎石、碎砖垫层的密实度符合设计要求。

(3) 通过压实试验确定垫层每层虚铺厚度和压实遍数。

3.5.3 质量关键要求
(1) 在已铺设好的碎砖垫层上, 不得用锤击的方法进行砖料加工。

(2) 垫层铺设使用的碎石、碎砖粒径、级配应符合要求, 摊铺厚度必须均匀一致, 以防厚薄不均、密实度不一致, 而造成不均匀变形破坏。

3.5.4 职业健康安全关键要求
(1) 碎砖和碎石尽量使用成品, 当必须现场加工时, 操作人员应戴口罩、风镜、手套、套袖等劳动保护用品, 并站在上风头作业。

(2) 施工机械用电必须采用三级配电两级保护, 使用三相五线制, 严禁乱拉乱接; 打夯机操作人员, 必须戴绝缘手套和穿绝缘鞋, 防止漏电伤人。

(3) 大型机械操作人员要持证上岗。

3.5.5 环境关键要求
(1) 采用砂、石材、碎砖料铺设时, 不应低于 0℃; 当低于所规定的温度施工时, 应采取相应的冬期措施;

(2) 对机械的噪声控制：符合国家和地方的有关规定。

3.6 施工工艺

3.6.1 工艺流程

清理基土 → 弹线、设标志 → 分层铺设 → 夯（压）实 → 验收

3.6.2 操作工艺

(1) 清理基土

铺设碎石前先检验基土土质，清除松散土、积水、污泥、杂质，并打底夯两遍，使表土密实。

(2) 弹线、设标志

在墙面弹线，在地面设标桩，找好标高、挂线，作控制铺填厚度的标准。

(3) 分层铺设、夯（压）实

1) 碎石和碎砖垫层的厚度不应小于100mm，垫层应分层压（夯）实，达到表面坚实、平整。

2) 碎石铺时按线由一端向另一端铺设，摊铺均匀，不得有粗细颗粒分离现象，表面空隙应以粒径为5~25mm的细碎石填补（施工方法参照砂石垫层施工）。铺完一段，压实前洒水使表面湿润。小面积房间采用木夯或蛙式打夯机夯实，不少于三遍；大面积宜采用小型振动压路机压实，不少于四遍，均夯（压）至表面平整不松动为止。夯实后的厚度不应大于虚铺厚度的3/4。

3) 碎砖垫层按碎石的铺设方法铺设，每层虚铺厚度不大于200mm，洒水湿润后，采用人工或机械夯实，并达到表面平整、无松动为止，高低差不大于20mm，夯实后的厚度不应大于虚铺厚度的3/4。

4) 基土表面与碎石、碎砖之间应先铺一层5~25mm碎石、粗砂层，以防局部土下陷或软弱土层挤入碎石或碎砖空隙中使垫层破坏。

3.7 质量标准

3.7.1 主控项目

(1) 碎石的强度应均匀,最大粒径不应大于垫层厚度的2/3;碎砖不应采用风化、酥松、夹有有机杂质的砖料,颗粒粒径不应大于60mm。

检验方法:观察检查和检查材质合格证明文件及检测报告。

(2) 碎石、碎砖垫层的密实度应符合设计要求。

检验方法:观察检查和检查试验记录。

3.7.2 一般项目

碎石、碎砖垫层的允许偏差应符合本标准中表3.7.2的规定。

检验方法:应按本标准中表3.7.2的方法检查。

碎石垫层和碎砖垫层表面的允许偏差和检验方法（单位：mm）　　表3.7.2

项次	项目	允许偏差	检验方法
1	表面平整度	15	用2m靠尺和楔形塞尺检查
2	标高	±20	用水准仪检查
3	坡度	不大于房间相应尺寸的2/1000,且不大于30	用坡度尺检查
4	厚度	在个别地方不大于设计厚度的1/10	用钢尺检查

3.8 成品保护

3.8.1 在已铺设的垫层上,不得用锤击的方法进行石料和砖料加工。

3.8.2 基土施工完后,严禁洒水扰动。

3.8.3 基土施工完后,应及时施工其上垫层或面层,防止基土被破坏。
3.8.4 施工时，对标准水准点等，填运土时不得碰撞。并应定期复测和检查这些标准水准点是否正确。

3.9 安全环保措施

3.9.1 现场操作人员应戴口罩、风镜、手套、套袖等劳动保护用品，并站在上风头作业。
3.9.2 现场电气装置和机具应符合施工用电和机械设备安全管理规定。
3.9.3 打夯机操作人员，必须戴绝缘手套和穿绝缘鞋，防止漏电伤人。两台打夯机在同一作业面夯实时，前后距离不得小于5m，夯打时严禁夯打电线，以防触电。
3.9.4 配备洒水车，对干砂石等洒水或覆盖，防止扬尘。
3.9.5 现场噪声控制应符合有关规定。
3.9.6 运输车辆应加以覆盖，防止遗洒；废弃物要及时清理，运至指定地点。
3.9.7 夜间施工时，要采用定向灯罩防止光污染。

3.10 质量记录

3.10.1 碎石垫层和碎砖垫层分项工程施工质量检验批验收记录。
3.10.2 施工配合比单、施工记录及检验抽样试验记录。
3.10.3 原材料进场检（试）验报告（含抽样报告）。
3.10.4 各摊铺层的隐蔽验收及其他有关验收文件。
3.10.5 碎石、碎砖垫层的密实度试验报告。
3.10.6 土壤中氡浓度检测报告。

4 三合土垫层施工工艺标准

4.1 总则

4.1.1 适用范围

本工艺标准是用于工业与民用建筑地面的混凝土垫层、道路垫层的施工。

4.1.2 编制参考标准及规范

(1)《建筑工程施工质量验收统一标准》(GB 50300—2001)

(2)《建筑地面工程施工质量验收规范》(GB 50209—2002)

4.2 术语

4.2.1 基层

面层下的构造层，包括填充层、隔离层、找平层、垫层和基土等。

4.2.2 垫层

承受并传递地面荷载于基土上的构造层。

4.2.3 基土

底层地面的地基土层。

4.3 基本规定

4.3.1 在垫层工程施工时，应建立质量管理体系并严格参照本施工技术标准。

4.3.2 垫层材料应按设计要求和《建筑地面工程施工质量验收

规范》（GB 50209—2002）的规定选用，并应符合国家标准的规定；使用前，应报监理验收，合格后方准使用。

4.3.3 垫层工程所采用拌合料的配合比或强度等级应按设计要求确定。

4.3.4 垫层下的沟槽、暗管等工程完工后，经检验合格并做隐蔽记录，方可进行垫层工程的施工。

4.3.5 垫层的铺设，应待其下一层检验合格后方可施工上一层。铺设前与相关专业的分部（子分部）工程、分项工程以及设备管道安装工程之间，应进行交接检验。

4.3.6 室外散水、明沟、踏步、台阶和坡道等附属工程，均应符合设计要求。施工时应按《建筑地面工程施工质量验收规范》（GB 50209—2002）基层铺设中基土和相应垫层的规定执行。

4.3.7 建筑地面的变形缝应按设计要求设置，并应符合下列规定：

（1）建筑地面的沉降缝、伸缩缝和防震缝，应与结构相应缝的位置一致，且应贯通建筑地面的垫层；

（2）沉降缝和防震缝的宽度应符合设计要求，缝内清理干净，以柔性密封材料填嵌后用板封盖，并应与面层齐平。

4.3.8 垫层工程施工质量的检验，应符合下列规定：

（1）垫层的施工质量验收应按每个施工段（或变形缝）作为检验批。

（2）每检验批应以各子分部工程的基层按自然间（或标准间）检验，抽查数量应随机检验不应少于3间；不足3间，应全数检查；其中走廊（过道）应以10延长米为1间，工业厂房（按单跨计）、礼堂、门厅应以两个轴线为1间计算。

4.3.9 垫层工程的施工质量检验的主控项目，必须达到本标准规定的质量标准，认定为合格；一般项目80%以上的检查点（处）符合规范规定的质量要求，其他检查点（处）不得有明显影响使用，并不得大于允许偏差值的50%为合格。凡达不到质量标准时，应按现行国家标准《建筑工程施工质量验收统一标准》（GB 50300—2001）的规定处理。

4.3.10 垫层工程完工前、后，检验批及分项工程应由监理工程师（建设单位项目技术负责人）组织施工单位项目专业质量（技术）负责人等进行验收。

4.4 施工准备

4.4.1 技术准备

（1）进行技术复核，基层标高、管道埋设符合设计要求，并经验收合格。

（2）施工前应有施工方案，有详细的技术交底，并交至施工操作人员。

（3）各种进场原材料规格、品种、材质等符合设计要求，进场后进行相应验收，并对砂等材料进行检验，级配和含泥量符合设计要求后方可使用；并有相应施工配比通知单。

4.4.2 材料准备

（1）石灰

石灰应用块灰，使用前应充分熟化过筛，不得含有粒径大于5mm的生石灰块，也不得含有过多的水分。也可采用磨细生石灰。

（2）碎砖

用废砖、断砖加工而成，粒径20～60mm，不得夹有风化、酥松碎块、瓦片和有机杂质。

（3）砂

采用中砂或中粗砂，并不得含有草根等有机杂质。

（4）黏土

土料宜优先选用黏土、粉质黏土或粉土，不得含有有机杂物，使用前应先过筛，其粒径不大于15mm。

4.4.3 主要机具、设备

铲土机、自卸汽车、推土机、蛙式打夯机、手扶式振动压路机、机动翻斗车、铁锹、铁耙、筛子、喷壶、手推胶轮车、铁锤等。

4.4.4 作业条件

(1) 设置铺填厚度的标志，如水平木桩或标高桩，或固定在建筑物的墙上弹上水平标高线。

(2) 基础墙体、垫层内暗管埋设完毕，并按设计要求予以稳固，检查合格，并办理中间交接验收手续。

(3) 在室内墙面已弹好控制地面垫层标高和排水坡度的水平控制线或标志。

(4) 施工机具设备已备齐，经维修试用，可满足施工要求，水、电已接通。

(5) 基土上无浮土杂物和积水。

4.5 材料和质量要点

4.5.1 材料的关键要求

(1) 砂进厂应进行级配、有机物含量等指标的检验，符合要求才准使用。

(2) 黏土：土料要用 16～20mm 的筛子过筛，确保粒径要求。

(3) 石灰：块灰闷制的熟石灰，要用 6～10mm 的筛子过筛；熟化石灰可采用磨细生石灰，亦可用粉煤灰或电石渣代替。当采用粉煤灰或电石渣代替熟化石灰做垫层时，其粒径不得大于 5mm。

(4) 碎砖：用废砖、断砖加工而成，粒径 20～60mm，不得夹有风化、酥松碎块、瓦片和有机杂质。

4.5.2 技术关键要求

(1) 各种材料的材质符合设计要求，并经检验合格后方可使用。

(2) 三合土的体积比、拌合料的体积比宜通过实验确定，符合设计要求。

(3) 铺筑前,应通过配合比试验或根据设计要求确定石灰、砂、碎砖的配合比和虚铺厚度。

4.5.3 质量关键要求

(1) 管道下部应按要求回填夯实;基土表面应避免受水浸润。

(2) 垫层铺设时每层厚度宜一次铺设,不得在夯压后再行补填或铲削。

(3) 夯压完的垫层如遇雨水浸泡基土或行驶车辆振动造成松动,应在排除积水和整平后,重新夯压密实。

4.5.4 职业健康安全关键要求

(1) 灰土铺设、粉化石灰和石灰过筛,操作人员应戴口罩、风镜、手套、套袖等劳动保护用品,并站在上风头作业。

(2) 施工机械用电必须采用三级配电两级保护,使用三相五线制,严禁乱拉乱接;打夯机操作人员,必须戴绝缘手套和穿绝缘鞋,防止漏电伤人。

4.5.5 环境关键要求

(1) 垫层工程施工采用掺有水泥、石灰的拌合料铺设时,各层环境温度的控制不应低于5℃;采用砂、石材、碎砖料铺设时,不应低于0℃。

(2) 对扬尘的控制。配备洒水车,对干土、石灰粉等洒水或覆盖,防止扬尘。

(3) 对机械的噪声控制应符合当地环保部门的有关规定。

4.6 施 工 工 艺

4.6.1 工艺流程

清理基土 → 弹线、设标志 → 拌合料 → 分层铺设 → 铺平夯实 → 验收

4.6.2 操作工艺

(1) 清理基土

铺设前先检验基土土质，清除松散土、积水、污泥、杂质，并打底夯两遍，使表土密实。

(2) 弹线、设标志

在墙面弹线，在地面设标桩，找好标高、挂线，作控制铺填灰土厚度的标准。

(3) 铺设垫层

1) 三合土垫层采用石灰、砂（可掺入少量黏土）与碎砖的拌和料铺设，其厚度不应小于100mm。三合土垫层应分层夯实，铺设方法采取先拌合三合土后铺设或先铺设碎砖后灌浆。

2) 当三合土垫层采取先拌合后铺设的方法时，其采用石灰、砂和碎砖拌合料的体积比宜为1:3:6（熟化石灰:砂:碎砖），或按设计要求配料。加水拌合后，每层虚铺厚度为150mm；铺平夯实后每层的厚度宜为120mm。

3) 三合土垫层采取先铺设后灌浆的方法时，碎砖先分层铺设，并洒水湿润。每层虚铺厚度不应大于120mm，并应铺平拍实，而后灌石灰砂浆，其体积比宜为1:2～1:4，灌浆后夯实。三合土垫层表面应平整，搭接处应夯实。

4.7 质量标准

4.7.1 主控项目

(1) 熟化石灰颗粒粒径不得大于5mm；砂应用中砂，并不得含有草根等有机物质；碎砖不应采用风化、酥松和含有机杂质的砖料，颗粒粒径不应大于60mm。

检验方法：观察检查和检查材质合格证明文件及检测报告。

(2) 三合土的体积比应符合设计要求。

检验方法：观察检查和检查配合比通知单记录。

4.7.2 一般项目

三合土垫层的允许偏差应符合表4.7.2的规定。

检验方法：应按表4.7.2中的检验方法检验。

三合土垫层表面的允许偏差和检验方法 （单位：mm） 表 4.7.2

项次	项 目	允许偏差	检验方法
1	表面平整度	10	用2m靠尺和楔形塞尺检查
2	标 高	±10	用水准仪检查
3	坡 度	不大于房间相应尺寸的2/1000，且不大于30	用坡度尺检查
4	厚 度	在个别地方不大于设计厚度的1/10	用钢尺检查

4.8 成品保护

4.8.1 基土施工完后，严禁洒水扰动。

4.8.2 基土施工完后，应及时施工其上垫层或面层，防止基土被破坏。

4.8.3 施工时，对标准水准点等，填运土时不得碰撞。并应定期复测和检查这些标准水准点是否正确。

4.9 安全环保措施

4.9.1 粉化石灰和黏土过筛、垫层铺设时，操作人员应戴口罩、风镜、手套、套袖等劳动保护用品，并站在上风头作业。

4.9.2 施工机械用电必须采用三级配电两级保护，使用三相五线制，严禁乱拉乱接。

4.9.3 夯填垫层前，应先检查打夯机电线绝缘是否完好，接地线、开关是否符合要求；使用打夯机应由两人操作，其中一人负责移动打夯机胶皮电线。

4.9.4 打夯机操作人员，必须戴绝缘手套和穿绝缘鞋，防止漏电伤人。两台打夯机在同一作业面夯实时，前后距离不得小于

5m，夯打时严禁夯打电线，以防触电。

4.9.5 配备洒水车，对干土、石灰粉等洒水或覆盖，防止扬尘。

4.9.6 注意对机械的噪声控制，噪声指标应符合有关规定。

4.9.7 车辆运输应加以覆盖，防止遗洒。

4.9.8 开挖出的污泥等应排放至垃圾堆放点。

4.9.9 防止机械漏油污染土地。

4.9.10 夜间施工时，要采用定向灯罩防止光污染。

4.10 质量记录

4.10.1 三合土垫层分项工程施工质量检验批验收记录。

4.10.2 施工配合比单、施工记录及检验抽样试验记录。

4.10.3 原材料的出厂检验报告和质量合格保证文件、材料进场检（试）验报告（含抽样报告）。

4.10.4 各摊铺层的隐蔽验收及其他有关验收文件。

4.10.5 土壤中氡浓度检测报告。

5 炉渣垫层施工工艺标准

5.1 总 则

5.1.1 适用范围
本工艺标准适用于工业与民用建筑楼地面的炉渣垫层施工。
5.1.2 编制参考标准及规范
(1)《建筑地面工程施工质量验收规范》(GB 50209—2002)
(2)《建筑工程施工质量验收统一标准》(GB 50300—2001)

5.2 术 语

5.2.1 基层
面层下的构造层,包括填充层、隔离层、找平层、垫层和基土等。
5.2.2 垫层
承受并传递地面荷载于基土上的构造层。
5.2.3 基土
底层地面的地基土层。

5.3 基本规定

5.3.1 在垫层工程施工时,应建立质量管理体系并严格参照本施工技术标准。
5.3.2 垫层材料应按设计要求和《建筑地面工程施工质量验收规范》(GB 50209—2002)的规定选用,并应符合国家标准的规定；进场材料应有中文质量合格证明文件、规格、型号及性能检测报告，对水泥等重要材料应有复验报告；使用前，应报监理验收，合格后方准验收。

5.3.3 垫层工程所采用拌合料的配合比应按设计要求确定。

5.3.4 垫层下的沟槽、暗管等工程完工后，经检验合格并做隐蔽记录，方可进行垫层工程的施工。

5.3.5 垫层的铺设，应待其下一层检验合格后方可施工上一层。铺设前与相关专业的分部（子分部）工程、分项工程以及设备管道安装工程之间，应进行交接检验。

5.3.6 室外散水、明沟、踏步、台阶和坡道等附属工程，均应符合设计要求。施工时应按《建筑地面工程施工质量验收规范》（GB 50209—2002）基层铺设中基土和相应垫层的规定执行。

5.3.7 建筑地面的变形缝应按设计要求设置，并应符合下列规定：

（1）建筑地面的沉降缝、伸缩缝和防震缝，应与结构相应缝的位置一致，且应贯通建筑地面的垫层。

（2）沉降缝和防震缝的宽度应符合设计要求，缝内清理干净，以柔性密封材料填嵌后用板封盖，并应与面层齐平。

5.3.8 垫层工程施工质量的检验，应符合下列规定：

（1）垫层的施工质量验收应按每个施工段（或变形缝）作为检验批。

（2）每检验批应以各子分部工程的基层按自然间（或标准间）检验，抽查数量应随机检验不应少于3间；不足3间，应全数检查；其中走廊（过道）应以10延长米为1间，工业厂房（按单跨计）、礼堂、门厅应以两个轴线为1间计算。

5.3.9 垫层工程的施工质量检验的主控项目，必须达到本标准规定的质量标准，认定为合格；一般项目80%以上的检查点（处）符合规范规定的质量要求，其他检查点（处）不得有明显影响使用，并不得大于允许偏差值的50%为合格。凡达不到质量标准时，应按现行国家标准《建筑工程施工质量验收统一标准》（GB 50300—2001）的规定处理。

5.3.10 垫层工程完工前、后，检验批及分项工程应由监理工程师（建设单位项目技术负责人）组织施工单位项目专业质量（技术）负责人等进行验收。

5.4 施工准备

5.4.1 技术准备

（1）进行技术复核，基层标高、管道埋设符合设计要求，并经验收合格。

（2）施工前应有施工方案，有详细的技术交底，并交至施工操作人员。

（3）各种进场原材料规格、品种、材质等符合设计要求，进场后进行相应验收，并有相应施工配比通知单。

（4）施工前应有施工方案，有详细的技术交底，并交至施工操作班全体人员。

5.4.2 材料准备

（1）炉渣：炉渣内不应含有有机杂质和未燃尽的煤块，粒径不应大于 40mm（且不得大于垫层厚度的 1/2），且粒径在 5mm 及其以下的颗粒，不得超过总体积的 40%。

（2）水泥：宜采用硅酸盐水泥、普通硅酸盐水泥或矿渣硅酸盐水泥。

（3）熟化石灰：石灰应用块灰，使用前应充分熟化过筛，不得含有粒径大于 5mm 的生石灰块，也不得含有过多的水分。也可采用磨细生石灰，或用粉煤灰、电石渣代替；采用加工磨细生石灰粉时，使用前加水溶化后方可使用。

5.4.3 主要机具

搅拌机、手推车、石制或铁制压滚（直径 200mm，长 600mm）、平板振动器、平铁锹、计量器、筛子、喷壶、浆壶、木拍板、3m 和 1m 长木制大杠、筲帚、钢丝刷等。

5.4.4 作业条件

（1）结构工程已经验收，并办完验收手续，墙上水平标高控制线已弹好。

(2) 预埋在垫层内的电气及其设备管线已安装完（用细石混凝土或 1:3 水泥砂浆将电管嵌固严密，有一定强度后才能铺炉渣)，并办完隐蔽验收手续。

(3) 穿过楼板的管线已安装验收完，楼板孔洞已用细石混凝土填塞密实。

(4) 地面以下的排水管道、暖气沟、暖气管道已安装完，并办理完隐蔽验收手续。

5.5 材料和质量要点

5.5.1 材料的关键要求

(1) 水泥

水泥进场后按同品种、同强度等级取样进行检验，水泥质量有怀疑或水泥出厂日期超过三个月时应在使用前作复验，检验合格后，方准使用。

水泥应按不同品种、不同强度、不同出厂日期分别堆放和保管，不得混杂，并防止混掺使用。

(2) 炉渣

炉渣或水泥炉渣垫层采用的炉渣应为陈渣，即在使用前应浇水闷透的炉渣，禁止使用新渣。

5.5.2 技术关键要求

(1) 严格控制各道工序的操作质量，配料应准确掌握配合比，搅拌要均匀，并严格控制加水量。

(2) 铺设炉渣时加强厚度和平整度的检查，滚压密实均匀，加强成品的养护等，以确保达到要求的强度。

5.5.3 质量关键要求

(1) 要注意对基层的清理、洒水湿润以及炉渣的选用和配制，以防止垫层空鼓开裂。

(2) 必须严格按工艺流程操作，整个过程控制在 2h 内，滚压过程中随时拉水平线进行检查以免炉渣垫层表面不平。

（3）炉渣拌合料拌合时要严格按配合比，严禁过早上人和进行下道工序的施工。以免造成炉渣垫层的松散和强度的降低。

5.5.4　职业健康安全关键要求

炉渣、石灰过筛、闷水时，操作人员应戴手套、穿胶鞋、戴防护眼镜等劳动保护用品。

5.5.5　环境关键要求

炉渣垫层冬期施工，水闷炉渣表面应加保温材料覆盖，防止受冻。做炉渣垫层前3d做好房间保暖措施，保持铺设和养护温度不低于5℃。已铺好的垫层应适当护盖，防止受冻。

5.6　施工工艺

5.6.1　工艺流程

基底处理 → 配制炉渣 → 找标高、弹线、做找平墩 → 基层洒水湿润 → 铺炉渣垫层 → 刮平、滚压（振实）→ 养护

5.6.2　操作工艺

炉渣垫层采用炉渣或水泥与炉渣或水泥、石灰与炉渣的拌合料铺设，其厚度不应小于80mm。

（1）基层处理：铺设炉渣垫层前，对粘结在基层上的水泥浆皮、混凝土渣子等用钢凿子剔凿，钢丝刷刷掉，再用扫帚清扫干净，洒水湿润。

（2）炉渣（或其拌合料）配制

1）炉渣或水泥炉渣垫层的炉渣，使用前应浇水闷透；水泥石灰炉渣垫层的炉渣使用前应用石灰浆或用熟化石灰浇水拌合闷透，闷透时间均不得少于5d。

2）炉渣在使用前必须过两遍筛，第一遍过大孔径筛，筛孔径为40mm，第二遍用小孔径筛，筛孔为5mm，主要筛去细粉末，使粒径5mm以下的颗粒体积不得超过总体积的40%。

3) 炉渣垫层的拌合料体积比应按设计要求配制。如设计无要求，水泥与炉渣拌合料的体积比宜为1:6（水泥:炉渣），水泥、石灰与炉渣拌合料的体积比宜为1:1:8（水泥:石灰:炉渣）。

4) 炉渣垫层的拌合料必须拌合均匀。先将闷透的炉渣按体积比与水泥干拌均匀后，再加水拌合，颜色一致，加水量应严格控制，使铺设时表面不致出现泌水现象。

水泥石灰炉渣的拌合方法同上，先按配合比干拌均匀后，再加水拌合均匀。

(3) 找标高、弹线、做找平墩：根据墙上+500mm水平标高线及设计规定的垫层厚度（如无设计规定，其厚度不应小于80mm），往下量测出垫层的上平标高，并弹在周墙上。然后拉水平线抹水平墩（用细石混凝土或水泥砂浆抹成60mm×60mm见方，与垫层同高），其间距2m左右，有泛水要求的房间，按坡度要求拉线找出最高和最低的标高，抹出坡度墩，用来控制垫层的表面标高。

(4) 基层洒水湿润：炉渣垫层拌合料铺设之前再次用扫帚清扫基层，用清水洒一遍（用喷壶洒均匀）。

(5) 铺设炉渣拌合料

1) 铺设炉渣前在基层刷一道素水泥浆（水灰比为0.4~0.5），将拌合均匀的拌合料，从房间内退着往外铺设，虚铺厚度宜控制在1.3:1，如设计要求垫层厚度为80mm，拌合料虚铺厚度为104mm（当垫层厚度大于120mm时，应分层铺设，每层压实后的厚度不应大于虚铺厚度的3/4）。

2) 在垫层铺设前，其下一层应湿润；铺设时应分层压实，铺设后应养护，待其凝结后方可进行下一道工序施工。

(6) 刮平、滚压：以找平墩为标志，控制好虚铺厚度，用铁锹粗略找平，然后用木杠刮平，再用滚筒往返滚压（厚度超过120mm时，应用平板振动器），并随时用2m靠尺检查平整度，高出部分铲掉，凹处填平。直到滚压平整出浆且无松散颗粒为止。对于墙根、边角、管根周围不易滚压处，应用木拍板拍打密实。采用木拍压实时，应按拍实→拍实找平→轻拍逗浆→抹平等四道工序完成。

（7）水泥炉渣垫层应随拌随铺，随压实，全部操作过程应控制在2h内完成。施工过程中一般不留施工缝，如房间大必须留施工缝时，应用木方或木板挡好留槎处，保证直槎密实，接槎时应刷水泥浆（水灰比为0.4～0.5）后，再继续铺炉渣拌合料。

（8）养护：垫层施工完毕应防止受水浸润。做好养护工作（进行洒水养护），常温条件下，水泥炉渣垫层至少养护2d；水泥石灰炉渣垫层至少养护7d，严禁上人乱踩、弄脏，待其凝固后方可进行面层施工。

5.7 质量标准

5.7.1 主控项目

（1）炉渣内不应含有有机杂质和未燃尽的煤块，颗粒粒径不应大于40mm，且颗粒粒径在5mm及其以下的颗粒，不得超过总体积的40%；熟化石灰颗粒粒径不得大于5mm。

检验方法：观察检查和检查材质合格证明文件及检测报告。

（2）炉渣垫层的体积比应符合设计要求。

检验方法：观察检查和检查配合比通知单。

5.7.2 一般项目

（1）炉渣垫层与其下一层结合牢固，不得有空鼓和松散炉渣颗粒。

检验方法：观察检查和用小锤轻击检查。

（2）炉渣垫层表面的允许偏差应符合表5.7.2的规定。

炉渣垫层表面的允许偏差和检验方法　（单位：mm）　表5.7.2

项次	项目	允许偏差	检验方法
1	表面平整度	10	用2m靠尺和楔形塞尺检查

续表

项次	项 目	允许偏差	检验方法
2	标 高	±10	用水准仪检查
3	坡 度	不大于房间相应尺寸的2/1000,且不大于30	用坡度尺检查
4	厚 度	在个别地方不大于设计厚度的1/10	用钢尺检查

检验方法：应按表5.7.2中的检验方法检验。

5.8 成品保护

5.8.1 铺炉渣拌合料时，注意不得将稳固电管的细石混凝土碰松动，通过地面的竖管也要加以保护。

5.8.2 炉渣垫层铺设完之后，要注意加以养护，常温下养护3d后方能进行面层施工。

5.8.3 不得直接在垫层上存放各种材料，尤其是油漆桶、拌合砂浆等，以免影响与面层的粘结力。

5.9 安全环保措施

5.9.1 炉渣过筛、拌合料拌合和垫层铺设时，操作人员应戴口罩、风镜、手套、套袖等劳动保护用品，并站在上风头作业。

5.9.2 施工机械用电应符合现场施工用电有关规定，夯填垫层前，应先检查打夯机电线绝缘是否完好，接地线、开关是否符合要求；使用打夯机应由两人操作，其中一人负责移动打夯机胶皮电线。

5.9.3 打夯机操作人员，必须戴绝缘手套和穿绝缘鞋，防止漏电伤人。两台打夯机在同一作业面夯实时，前后距离不得小于5m，打夯时严禁夯打电线，以防触电。

5.9.4 配备洒水车，对干炉渣等洒水或覆盖，防止扬尘。
5.9.5 车辆运输应加以覆盖，防止遗洒。
5.9.6 开挖出的污泥等应排放至垃圾堆放点。

5.10 质量记录

5.10.1 炉渣垫层分项工程施工质量检验批验收记录。
5.10.2 施工配合比单、施工记录及检验抽样试验记录。
5.10.3 原材料的出厂检验报告和质量合格保证文件、材料进场检（试）验报告（含抽样报告）。
5.10.4 各摊铺层的隐蔽验收及其他有关验收文件。
5.10.5 土壤中氡浓度检测报告。

6 水泥混凝土垫层施工工艺标准

6.1 总 则

6.1.1 适用范围
本工艺标准适用于工业与民用建筑房屋地面水泥混凝土垫层的施工。

6.1.2 编制参考标准及规范
(1)《建筑地面工程施工质量验收规范》(GB 50209—2002)
(2)《建筑工程施工质量验收统一标准》(GB 50300—2001)
(3)《建筑地面设计规范》(GB 50037—96)

6.2 术 语

6.2.1 基层
面层下的构造层，包括填充层、隔离层、找平层、垫层和基土等。

6.2.2 垫层
承受并传递地面荷载于基土上的构造层。

6.2.3 纵向缩缝
平行于混凝土施工流水作业方向的缩缝。

6.2.4 横向缩缝
垂直于混凝土施工流水作业方向的缩缝。

6.3 基本规定

6.3.1 水泥混凝土垫层的厚度不应小于60mm。

6.3.2 垫层材料应按设计要求和《建筑地面工程施工质量验收规范》(GB 50209—2002)的规定选用，并应符合国家标准的规定，水泥、砂、石及外加剂等应进行现场抽样复试；使用前，应报监理验收，合格后方准使用。

6.3.3 混凝土垫层下的沟槽、暗管等工程完工后，经检验合格并做隐蔽记录，方可进行垫层工程的施工。

6.3.4 垫层的铺设，应待其下一层检验合格后方可施工上一层。铺设前与相关专业的分部（子分部）工程、分项工程以及设备管道安装工程之间，应进行交接检验。

6.3.5 室外散水、明沟、踏步、台阶和坡道等附属工程，均应符合设计要求。施工时应按《建筑地面工程施工质量验收规范》(GB 50209—2002)基层铺设中基土和相应垫层的规定执行。

6.3.6 建筑地面的变形缝应按设计要求设置，并应符合下列规定：

（1）建筑地面的沉降缝、伸缩缝和防震缝，应与结构相应缝的位置一致，且应贯通建筑地面的垫层。

（2）沉降缝和防震缝的宽度应符合设计要求，缝内清理干净，以柔性密封材料填嵌后用板封盖，并应与面层齐平。

6.3.7 垫层工程施工质量的检验，应符合下列规定：

（1）垫层的施工质量验收应按每个施工段（或变形缝）作为检验批。

（2）每检验批应以各子分部工程的基层按自然间（或标准间）检验，抽查数量应随机检验不应少于3间；不足3间，应全数检查；其中走廊（过道）应以10延长米为1间，工业厂房（按单跨计）、礼堂、门厅应以两个轴线为1间计算。

6.3.8 垫层工程的施工质量检验的主控项目，必须达到本标准规定的质量标准，认定为合格；一般项目80%以上的检查点（处）符合规范规定的质量要求，其他检查点（处）不得有明显影响使用，并不得大于允许偏差值的50%为合格。凡达不到质量标准时，应按现行国家标准《建筑工程施工质量验收统一标准》（GB 50300—2001）的规定处理。

6.3.9 垫层工程完工前、后，检验批及分项工程应由监理工程师（建设单位项目技术负责人）组织施工单位项目专业质量（技术）负责人等进行验收。

6.4 施 工 准 备

6.4.1 技术准备

（1）进行技术复核，基层标高、管道埋设符合设计要求，并经验收合格。

（2）施工前应有施工方案，有详细的技术交底，并交至施工操作人员。

（3）各种进场原材料进行进场验收，材料规格、品种、材质等符合设计要求，同时现场抽样进行复试，有相应施工配比通知单。

6.4.2 材料准备

（1）水泥采用硅酸盐水泥、普通硅酸盐水泥或矿渣硅酸盐水泥，其强度等级不得低于32.5级。

（2）砂宜采用中砂或粗砂，含泥量不应大于3%。

（3）石采用碎石或卵石，粗骨料的级配要适宜，其最大粒径不应大于垫层厚度的2/3，含泥量不应大于2%。

（4）水宜采用饮用水。

（5）外加剂：混凝土中掺用外加剂的质量应符合现行国家标准《混凝土外加剂》（GB 8076）的规定。

6.4.3 主要机具

混凝土搅拌机、翻斗车、手推车、平板振捣器、磅秤、筛子、铁锹、小线、木拍板、刮杠、木抹子等。

6.4.4 作业条件

（1）楼地面基层施工完毕，暗敷管线、预留孔洞等已经验收合格，并作好记录。

（2）垫层混凝土配合比已经确认，混凝土搅拌后对混凝土强度等级、配合比、搅拌制度、操作规程等进行挂牌。

（3）水平标高控制线已弹完。

（4）水、电布线到位，施工机具、材料已准备就绪。

6.5 材料和质量要点

6.5.1 材料的关键要求

（1）水泥进场时应对其品种、级别、包装或散装仓号、出厂日期等进行检查，并应对其强度、安定性及其他必要的性能指标进行复验。

（2）当在使用中对水泥质量有怀疑或水泥出厂超过三个月（快硬硅酸盐水泥超过一个月）时，应进行复验，并按复验结果使用。

6.5.2 技术的关键要求

（1）垫层铺设前，其下一层表面应湿润。

（2）混凝土的配合比应通过计算和试配确定，其浇筑时的坍落度宜为 10~30mm。

（3）捣实混凝土宜采用表面振动器，其移动间距应能保证振动器的平板覆盖已振实部分的边缘，每一振处应使混凝土表面呈现浮浆和不再沉落。

（4）混凝土浇筑完毕后，应在 12h 以内用草帘等加以覆盖和浇水，浇水次数应能保持混凝土具有足够的湿润状态，浇水养护时间不少于 7d。

6.5.3 质量关键要求

（1）混凝土不密实

1）基层未清理干净、未湿润，造成混凝土垫层与基层间粘结不牢；垫层施工前必须将基层清理干净并洒水湿润。

2）混凝土振捣不密实，漏振；应加强振捣工作。

3）混凝土配合比掌握不准，搅拌不均匀。

(2) 混凝土表面不平整

混凝土铺设时未按线找平，未随打随刮平；铺设过程中随时拉线上杠找平。

(3) 混凝土表面出现裂缝

1）垫层面积过大，未分段进行浇筑，未留伸缩缝。

2）首层地面回填土不均匀下沉。

3）垫层厚度过薄不足60mm，垫层内管线过多。

4）配合比不准确，水灰比控制不好。

6.5.4 职业健康安全关键要求

(1) 砂、石、水泥的投料人员应配戴口罩，防止粉尘污染。

(2) 振动器的操作人员应穿胶鞋和配戴胶皮手套。

6.5.5 环境关键要求

(1) 砂、石、水泥应统一堆放，并应有防尘措施。

(2) 因混凝土搅拌而产生的污水应经过滤后排入指定地点。

(3) 混凝土搅拌机的运行噪声应控制在当地有关部门的规定范围内。

(4) 混凝土搅拌现场、使用现场及运输途中遗漏的混凝土应及时回收处理。

6.6 施工工艺

6.6.1 工艺流程

施工准备 → 清理基层 → 找标高、弹线 → 搅拌混凝土 → 铺设混凝土 → 振捣混凝土 → 找平 → 养护

6.6.2 操作工艺

(1) 清理基层：浇筑混凝土垫层前，应清除基层的淤泥和杂

物；基层表面平整度应控制在15mm内。

(2) 找标高、弹线：根据墙上水平标高控制线，向下量出垫层标高，在墙上弹出控制标高线。垫层面积较大时，底层地面可视基层情况采用控制桩或细石混凝土（或水泥砂浆）做找平墩控制垫层标高；楼层地面采用细石混凝土或水泥砂浆做找平墩控制垫层标高。

(3) 混凝土搅拌

1) 混凝土搅拌机开机前应进行试运行，并对其安全性能进行检查，确保其运行正常；

2) 混凝土搅拌时应先加石子，后加水泥，最后加砂和水，其搅拌时间不得少于1.5min，当掺有外加剂时，搅拌时间应适当延长。

(4) 混凝土的运输：在运输中，应保持其匀质性，做到不分层、不离析、不漏浆。运到浇筑地点时，应具有要求的坍落度，坍落度一般控制在10~30mm。

(5) 铺设混凝土

1) 铺设前，将基层湿润，并在基底上刷一道素水泥浆或界面结合剂，随刷随铺混凝土。

2) 混凝土铺设应从一端开始，由内向外铺设。混凝土应连续浇筑，间歇时间不得超过2h。如间歇时间过长，应分块浇筑，接槎处按施工缝处理，接缝处混凝土应捣实压平，不显接头槎。

3) 工业厂房、礼堂、门厅等大面积水泥混凝土垫层应分区段浇筑，分区段时应结合变形缝位置、不同类型的建筑地面连接处和设备基础的位置进行划分，并应与设置的纵向、横向缩缝的间距相一致。

4) 水泥混凝土垫层铺设在基土上，当气温长期处于0℃以下，设计无要求时，垫层应设置施工缝。

5) 室内地面的水泥混凝土垫层，应设置纵向缩缝和横向缩缝；纵向缩缝间距不得大于6m，并应做成平头缝或加肋板平头缝，当垫层厚度大于150mm时，可做企口缝；横向缩缝间距不得大于12m，横向缩缝应做假缝。

6）平头缝和企口缝的缝间不得放置隔离材料，浇筑时应互相紧贴，企口缝的尺寸应符合设计要求，假缝宽度为5~20mm，深度为垫层厚度的1/3，缝内填水泥砂浆。

（6）振捣混凝土：用铁锹摊铺混凝土，用水平控制桩和找平墩控制标高，虚铺厚度略高于找平墩，然后用平板振捣器振捣。厚度超过200mm时，应采用插入式振捣器，其移动距离不应大于作用半径的1.5倍，做到不漏振，确保混凝土密实。

（7）混凝土表面找平：混凝土振捣密实后，以墙柱上水平控制线和水平墩为标志，检查平整度，高出的地方铲平，凹的地方补平。混凝土先用水平刮杠刮平，然后表面用木抹子搓平。有找坡要求时，坡度应符合设计要求。

（8）混凝土强度应以标准养护，龄期为28d的试块抗压试验结果为准。混凝土宜采用表面振动器进行机械振捣，以保证混凝土的密实。

（9）混凝土取样强度试块应在混凝土的浇筑地点随机抽取，取样与试件留置应符合下列规定：

1）拌制100盘且不超过100m^{3}的同配合比混凝土，取样不得少于一次。

2）工作班拌制的同一配合比的混凝土不足100盘时，取样不得少于一次。

3）每一层楼、同一配合比的混凝土，取样不得少于一次；当每一层建筑地面工程大于1000m^{2}时，每增加1000m^{2}应增做一组试块。

每次取样应至少留置一组标准养护试件，同条件养护试件的留置根据实际需要确定。

（10）冬期施工

冬期施工环境温度不得低于5℃。如在负温下施工时，混凝土中应掺加防冻剂，防冻剂应经检验合格后方准使用，防冻剂掺量应由试验确定。混凝土垫层施工完后，应及时覆盖塑料布和保温材料。

6.7 质量标准

6.7.1 主控项目

（1）水泥混凝土垫层采用的粗骨料，其最大粒径不应大于垫层厚度的 2/3；含泥量不应大于 2%；砂为中粗砂，其含泥量不应大于 3%。

检查方法：观察检查和检查材质合格证明文件及检测报告。

（2）混凝土的强度等级应符合设计要求，且不应小于 C15。

检查方法：观察检查和检查配合比通知单及检测报告。

6.7.2 一般项目

水泥混凝土垫层表面的允许偏差应符合表 6.7.2 规定。

水泥混凝土垫层表面的允许偏差和检验方法（单位：mm） **表 6.7.2**

项次	项 目	允 许 偏 差	检 验 方 法
1	表面平整度	10	用 2m 靠尺和楔形塞尺检查
2	标 高	±10	用水准仪检查
3	坡 度	不大于房间相应尺寸的 2/1000，且不大于 30	用坡度尺检查
4	厚 度	在个别地方不大于设计厚度的 1/10	用钢尺检查

6.8 成品保护

6.8.1 浇筑的垫层混凝土强度达到 1.2MPa 以后，才可允许人员在其上面走动和进行其他工序施工。

6.8.2 施工时，混凝土运输工具不得碰触门框，对隐蔽的电气线管应进行保护。

6.9 安全环保措施

6.9.1 混凝土搅拌机械必须符合《建筑机械使用安全技术规程》(JGJ 33)及《施工现场临时用电安全技术规范》(JGJ 46)的有关规定,施工中应定期对其进行检查、维修,保证机械使用安全。

6.9.2 原材料及混凝土在运输过程中,应避免扬尘、洒漏、沾带,必要时应采取遮盖、封闭、洒水、冲洗等措施。

6.9.3 落地混凝土应在初凝前及时回收,回收的混凝土不得夹有杂物,并应及时运至拌合地点,掺入新混凝土中拌合使用。

6.10 质量记录

6.10.1 水泥、砂、石、外加剂等原材料材质合格证明文件及检测报告。

6.10.2 配合比通知单。

6.10.3 施工日志。

6.10.4 安全、技术交底。

6.10.5 混凝土垫层工程检验批质量验收记录。

7 找平层工程施工工艺标准

7.1 总 则

7.1.1 适用范围
本工艺标准适用于工业与民用建筑房屋地面找平层的施工。
7.1.2 编制参考标准及规范
(1)《建筑地面工程施工质量验收规范》(GB 50209—2002)
(2)《建筑工程施工质量验收统一标准》(GB 50300—2001)
(3)《建筑地面设计规范》(GB 50037—96)

7.2 术 语

7.2.1 基层
面层下的构造层，包括填充层、隔离层、找平层、垫层和基土等。
7.2.2 垫层
承受并传递地面荷载于基土上的构造层。
7.2.3 纵向缩缝
平行于混凝土施工流水作业方向的缩缝。
7.2.4 横向缩缝
垂直于混凝土施工流水作业方向的缩缝。

7.3 基本规定

7.3.1 找平层材料应按设计要求和《建筑地面工程施工质量验

收规范》(GB 50209—2002)的规定选用,并应符合国家标准的规定,水泥、砂、石及外加剂等应进行现场抽样复试;使用前,应报监理验收,合格后方准使用。

7.3.2 混凝土找平层下基层或结构层工程完工后,经检验合格并做隐蔽记录,方可进行找平层的施工。

7.3.3 找平层铺设前与相关专业的分部(子分部)工程、分项工程以及设备管道安装工程之间,应进行交接检验。

7.3.4 有防水要求的建筑地面,铺设前必须对立管、套管和地漏与楼板节点之间进行密封处理;排水坡度应符合设计要求。

7.3.5 在预制钢筋混凝土板上铺设找平层前,板缝填嵌的施工应符合下列要求:

(1)预制钢筋混凝土板相邻缝底宽不应小于20mm;

(2)填嵌时板缝内应清理干净,并保持湿润;

(3)填缝采用细石混凝土,其强度等级不得小于C20。填缝高度应低于板面10~20mm,且振捣密实,表面不应压光,填缝后应养护;

(4)当板缝底宽大于40mm时,应按设计要求配置钢筋。

7.3.6 在预制钢筋屋面板上铺设找平层时,其板端应按设计要求作防裂的构造措施。

7.3.7 铺设找平层前,其下一层有松散材料时,应予铺平振实。

室外散水、明沟、踏步、台阶和坡道等附属工程,均应符合设计要求。施工时应按《建筑地面工程施工质量验收规范》(GB 50209—2002)基层铺设中的规定执行。

7.3.8 建筑地面的变形缝应按设计要求设置,并应符合下列规定:

(1)建筑地面的沉降缝、伸缩缝和防震缝,应与结构相应缝的位置一致,且应贯通建筑地面的垫层;

(2)沉降缝和防震缝的宽度应符合设计要求,缝内清理干净,以柔性密封材料填嵌后用板封盖,并应与面层齐平。

7.3.9 找平层工程施工质量的检验,应符合下列规定:

(1) 找平层的施工质量验收应按每个层次或每个施工段（或变形缝）作为检验批，高层建筑的标准层可按每三层（不足三层按三层计）作为检验批。

(2) 每检验批应以各子分部工程的基层按自然间（或标准间）检验，抽查数量应随机检验不应少于3间；不足3间，应全数检查；其中走廊（过道）应以10延长米为1间，工业厂房（按单跨计）、礼堂、门厅应以两个轴线为1间计算。

7.3.10 垫层工程的施工质量检验的主控项目，必须达到本标准规定的质量标准，认定为合格；一般项目80%以上的检查点（处）符合规范规定的质量要求，其他检查点（处）不得有明显影响使用，并不得大于允许偏差值的50%为合格。凡达不到质量标准时，应按现行国家标准《建筑工程施工质量验收统一标准》（GB 50300—2001）的规定处理。

7.3.11 垫层工程完工前、后，检验批及分项工程应由监理工程师（建设单位项目技术负责人）组织施工单位项目专业质量（技术）负责人等进行验收。

7.4 施工准备

7.4.1 技术准备

(1) 进行技术复核，基层标高、管道埋设符合设计要求，并经验收合格。

(2) 施工前应有施工方案，有详细的技术交底，并交至施工操作人员。

(3) 各种进场原材料进行进场验收，材料规格、品种、材质等符合设计要求，同时现场抽样进行复试，有相应施工配比通知单。

7.4.2 材料准备

(1) 水泥采用硅酸盐水泥、普通硅酸盐水泥或矿渣硅酸盐水泥，其强度等级不得低于32.5级。

(2) 砂宜采用中砂或粗砂，含泥量不应大于3%。

(3) 石采用碎石或卵石，粗骨料的级配要适宜，其最大粒径不应大于垫层厚度的2/3，含泥量不应大于2%。

(4) 水宜采用饮用水。

(5) 外加剂：混凝土中掺用外加剂的质量应符合现行国家标准《混凝土外加剂》（GB 8076）的规定。

7.4.3 主要机具

混凝土搅拌机、砂浆搅拌机、翻斗车、手推车、平板振捣器、磅秤、筛子、铁锹、小线、木拍板、刮杠、木抹子、铁抹子等。

7.4.4 作业条件

(1) 楼地面基层施工完毕，暗敷管线、预留孔洞等已经验收合格，并作好记录。

(2) 垫层混凝土配合比已经确认，混凝土搅拌后台对混凝土强度等级、配合比、搅拌制度、操作规程等进行挂牌。

(3) 控制找平层标高的水平控制线已弹完。

(4) 楼板孔洞已进行可靠封堵。

(5) 水、电布线到位，施工机具、材料已准备就绪。

7.5 材料和质量要点

7.5.1 材料的关键要求

(1) 水泥进场时应对其品种、级别、包装或散装仓号、出厂日期等进行检查，并应对其强度、安定性及其他必要的性能指标进行现场抽样检验。

(2) 当在使用中对水泥质量有怀疑或水泥出厂超过三个月（快硬硅酸盐水泥超过一个月）时，应进行复验，并按复验结果使用。

7.5.2 技术的关键要求

(1) 找平层铺设前，其下一层表面应湿润。

(2) 找平层应采用水泥砂浆或水泥混凝土铺设，基层为混凝土类时必须待其强度达到 1.2MPa 以上时，方可铺设找平层。

(3) 混凝土或水泥砂浆的配合比应通过计算和试配确定，水泥砂浆的强度如无设计要求，应采用体积比不小于 1:3 的水泥砂浆。水泥混凝土浇筑时的坍落度宜为 10~30mm；混凝土搅拌时严格按配合比对其原料进行重量计量施工。

(4) 捣实混凝土宜采用表面振动器，其移动间距应能保证振动器的平板覆盖已振实部分的边缘，每一振处应使混凝土表面呈现浮浆和不再沉落。

(5) 混凝土浇灌完毕后，应在 12h 以内用草帘等加以覆盖和浇水，浇水次数应能保持混凝土具有足够的湿润状态，浇水养护时间不少于 7d。

7.5.3 质量关键要求

(1) 混凝土不密实

1) 基层未清理干净、未湿润，造成混凝土找平层与基层间粘结不牢；找平层施工前必须将基层清理干净并洒水湿润。

2) 混凝土振捣不密实，漏振，应加强振捣工作。

3) 混凝土配合比掌握不准，搅拌不均匀。

(2) 混凝土表面不平整

混凝土铺设时未按线找平，未随打随抹；铺设过程中随时拉线上杠找平。

(3) 混凝土表面出现裂缝

1) 找平层面积过大，未分段进行浇筑，未留伸缩缝。

2) 预制板板缝处理不当，应按设计要求进行处理，施工操作认真仔细。

3) 配合比不准确，水灰比控制不好。

7.5.4 职业健康安全关键要求

(1) 砂、石、水泥的投料人员应配戴口罩，防止粉尘污染；

(2) 振动器的操作工员应穿胶鞋和配戴胶皮手套。

7.5.5 环境关键要求

(1) 砂、石、水泥应统一堆放,并应有防尘措施;
(2) 因混凝土搅拌而产生的污水应经过滤后排入指定地点;
(3) 混凝土搅拌机的运行噪声应控制在当地有关部门的规定范围内;
(4) 混凝土搅拌现场、使用现场及运输途中遗漏的混凝土应及时回收处理。

7.6 施工工艺

7.6.1 工艺流程

施工准备 → 清理基层 → 找标高、弹线 → 搅拌混凝土 → 铺设混凝土 → 振捣混凝土 → 找平 → 养护

7.6.2 操作工艺

(1) 清理基层:浇灌混凝土前,应清除基层的淤泥和杂物;基层表面平整度应控制在10mm内。

(2) 找标高、弹线:根据墙上水平标高控制线,向下量出找平层标高,在墙上弹出控制标高线。找平层面积较大时,采用细石混凝土或水泥砂浆找平墩控制垫层标高,找平墩60mm×60mm,高度同找平层厚度,双向布置,间距不大于2m。用水泥砂浆做找平层时,还应冲筋。

(3) 混凝土或砂浆搅拌

1) 混凝土搅拌机开机前应进行试运行,并对其安全性能进行检查,确保其运行正常;

2) 混凝土搅拌时应先加石子,后加水泥,最后加砂和水,其搅拌时间不得少于1.5min,当掺有外加剂时,搅拌时间应适当延长;

3) 水泥砂浆搅拌先向已转动的搅拌机内加入适量的水,再按配合比将水泥和砂子先后投入,再加水至规定配合比,搅拌时

间不得少于2min；

4）水泥砂浆一次拌制不得过多，应随用随拌。砂浆放置时间不得过长，应在初凝前用完。

（4）混凝土、砂浆的运输：在运输中，应保持其匀质性，做到不分层、不离析、不漏浆。运到浇灌地点时，混凝土应具有要求的坍落度，坍落度一般控制在10~30mm，砂浆应满足施工要求的稠度。

（5）铺设混凝土或砂浆

1）铺设前，将基层湿润，并在基底上刷一道素水泥浆或界面结合剂，随刷随铺混凝土或砂浆。

2）混凝土或砂浆铺设应从一端开始，由内向外连续铺设。混凝土应连续浇灌，间歇时间不得超过2小时。如间歇时间过长，应分块浇筑，接槎处按施工缝处理，接缝处混凝土应捣实压平，不现接头槎。

3）工业厂房、礼堂、门厅等大面积水泥混凝土或砂浆找平层应分区段施工，分区段时应结合变形缝位置、不同类型的建筑地面连接处和设备基础的位置进行划分，并应与设置的纵向、横向缩缝的间距相一致。

4）室内地面的水泥混凝土找平层，应设置纵向缩缝和横向缩缝；纵向缩缝间距不得大于6m，并应做成平头缝或加肋板平头缝，当找平层厚度大于150mm时，可做企口缝；横向缩缝间距不得大于12m，横向缩缝应做假缝。

5）平头缝和企口缝的缝间不得放置隔离材料，浇筑时应互相紧贴，企口缝的尺寸应符合设计要求，假缝宽度为5~20mm，深度为找平层厚度的1/3，缝内填水泥砂浆。

（6）振捣混凝土：用铁锹摊铺混凝土或砂浆，用水平控制桩和找平墩控制标高，虚铺厚度略高于找平墩，然后用平板振捣器振捣。厚度超过200mm时，应采用插入式振捣器，其移动距离不应大于作用半径的1.5倍，做到不漏振，确保混凝土密实。

（7）混凝土或砂浆表面找平：混凝土振捣密实后，以墙柱上水平控制线和水平墩为标志，检查平整度，高出的地方铲平，凹的地方补平。混凝土或砂浆先用水平刮杠刮平，然后表面用木抹子搓平，铁抹子抹平压光。

(8) 找平层施工完后12h应进行覆盖和浇水养护，养护时间不得少于7d。

(9) 混凝土取样强度试块应在混凝土的浇筑地点随机抽取，取样与试件留置应符合下列规定：

1) 制100盘且不超过100m³的同配合比混凝土，取样不得少于一次；

2) 工作班拌制的同一配合比的混凝土不足100盘时，取样不得少于一次；

3) 每一层楼、同一配合比的混凝土，取样不得少于一次，当每一层建筑地面工程大于1000m²时，每增加1000m²应增做一组试块。

每次取样应至少留置一组标准养护试件，同条件养护试件的留置根据实际需要确定。

(10) 冬期施工

冬期施工环境温度不得低于5℃。如在负温下施工时，混凝土中应掺加防冻剂，防冻剂应经检验合格后方准使用，防冻剂掺量应由试验确定。找平层施工完后，应及时覆盖塑料布和保温材料。

7.7 质 量 标 准

7.5.1 主控项目

(1) 找平层采用碎石和卵石的粒径不应大于其厚度的2/3，含泥量不应大于2%；砂为中粗砂，其含泥量不应大于3%。

检验方法：观察检查和检查材质合格证明文件及检测报告

(2) 水泥砂浆体积比或水泥混凝土的强度等级应符合设计要求，且水泥砂浆体积比不应小于1:3（或相应的强度等级），水泥混凝土强度等级不应小于C15。

检验方法：观察检查和检查配合比通知单及检测报告。

（3）有防水要求的建筑地面工程的立管、套管、地漏处严禁渗漏，坡向应正确、无积水。

检验方法：观察检查和蓄水、泼水检验及坡度尺检查。

7.5.2 一般项目

（1）找平层与下一层结合牢固，不得有空鼓；

检验方法：用小锤轻击检查。

（2）找平层表面应密实，不得有起砂、蜂窝和裂缝等缺陷；

检验方法：观察检查。

（3）找平层的表面的允许偏差应符合表7.7.2规定：

找平层表面的允许偏差和检验方法 （单位：mm） 表7.7.2

项次	项目	允许偏差					检验方法
		毛地板		用沥青玛琋脂做结合层铺设拼花木板、板块面层	用水泥砂浆做结合层铺设板块面层	用胶粘剂做结合层铺设拼花木板、塑料板、强化复合地板、竹地板面层	
		拼花实木地板、拼花实木复合地板面层	其他种类面层				
1	表面平整度	3	5	3	5	2	用2m靠尺和楔形塞尺检查
2	标高	±5	±8	±5	±8	±4	用水准仪检查
3	坡度	不大于房间相应尺寸的2/1000，且不大于30					用坡度尺检查
4	厚度	在个别地方不大于设计厚度的1/10					用钢尺检查

7.8 成品保护

7.8.1 混凝土或水泥砂浆运输

(1) 运送混凝土应使用不漏浆和不吸水的容器，使用前须湿润，运送过程中要清除容器内粘着的残渣，以确保浇灌前混凝土的成品质量；

(2) 混凝土运输应尽量减少运输时间，从搅拌机卸出到浇灌完毕的延续时间不得超过表7.8.1规定：

混凝土从搅拌机卸出到浇灌完毕的延续时间（min） 表7.8.1

混凝土强度等级	气 温（℃）	
	低于25	高于25
≤C30	120	90
>C30	90	60

(3) 砂浆贮存：砂浆应盛入不漏水的贮灰器中，并随用随拌，少量贮存。

7.8.2 找平层浇灌完毕后应及时养护，混凝土强度达到1.2MPa以上时，方准施工人员在其上行走。

7.9 安全环保措施

7.9.1 混凝土及砂浆搅拌机械必须符合《建筑机械使用安全技术规程》(JGJ 33)及《施工现场临时用电安全技术规范》(JGJ 46)的有关规定，施工中应定期对其进行检查、维修，保证机械使用安全。

7.9.2 原材料及混凝土在运输过程中，应避免扬尘、洒漏、沾带，必要时应采取遮盖、封闭、洒水、冲洗等措施。

7.9.3 落地砂浆应在初凝前及时回收，回收的混凝土不得夹有杂物，并应及时运至拌合地点，掺入新混凝土中拌合使用。

7.10 质量记录

7.10.1 水泥、砂、石等原材材质合格证明文件及检测报告。
7.10.2 配合比通知单。
7.10.3 建筑地面找平层检验批质量验收记录。
7.10.4 技术交底记录。

8 隔离层工程施工工艺标准

8.1 总则

8.1.1 适用范围

本工艺标准适用于工业与民用建筑房屋地面隔离层的施工。

8.1.2 编制参考标准及规范

(1)《建筑工程施工质量验收统一标准》(GB 50300—2001)

(2)《建筑地面工程施工质量验收规范》(GB 50209—2002)

(3)《建筑地面设计规范》(GB 50037—96)

(4)《屋面工程质量验收规范》(GB 50207—2002)

8.2 术语

8.2.1 隔离层

防止建筑地面上各种液体或地下水、潮气渗透到地面等作用的构造层;仅防止潮气渗透到地面的可称作防潮层。

8.2.2 基层

一般指隔离层下一层的水泥类找平层。

8.3 基本规定

8.3.1 隔离层材料应按设计要求和《建筑地面工程施工质量验收规范》(GB 50209—2002)的规定选用,并应符合国家标准的规定,进场后进行现场抽样复试并报监理验收,合格后方准使用。

8.3.2 隔离层下基层或结构层工程完工后，经检验合格并做隐蔽记录，方可进行隔离层的施工。

8.3.3 隔离层工程施工质量的检验，应符合下列规定：

（1）隔离层的施工质量验收应按每个层次或每个施工段（或变形缝）作为检验批，高层建筑的标准层可按每三层（不足三层按三层计）作为检验批。

（2）每检验批应以各子分部工程的基层按自然间（或标准间）检验，抽查数量应随机检验不应少于3间；不足3间，应全数检查；其中走廊（过道）应以10延长米为1间，工业厂房（按单跨计）、礼堂、门厅应以两个轴线为1间计算。

8.3.4 隔离层工程的施工质量检验的主控项目，必须达到本标准规定的质量标准，认定为合格；一般项目80%以上的检查点（处）符合规范规定的质量要求，其他检查点（处）不得有明显影响使用，并不得大于允许偏差值的50%为合格。凡达不到质量标准时，应按现行国家标准《建筑工程施工质量验收统一标准》（GB 50300—2001）的规定处理。

8.3.5 隔离层完工前、后，检验批及分项工程应由监理工程师（建设单位项目技术负责人）组织施工单位项目专业质量（技术）负责人等进行验收。

8.4 施 工 准 备

8.4.1 技术准备

（1）进行技术复核，基层标高、坡度、结点处理符合设计要求，并经验收合格。

（2）施工前应有施工方案，有详细的技术交底，并交至施工操作人员。

（3）各种进场原材料进行进场验收，材料规格、品种、材质等符合设计要求，同时现场抽样进行复试，有相应施工配比通知单。

8.4.2 材料准备

常用材料有沥青类防水卷材、水泥类复合防水材料、聚氨酯防水涂料、玻璃丝纤维布、防水剂等。

8.4.3 主要机具

搅拌用具、量具、中桶、小桶、橡胶刮板、刷子等。

8.4.4 作业条件

(1) 楼地面找平层施工完毕，已经验收合格，并作好记录。

(2) 管根、墙根已按防水要求做好圆滑收头，找平层强度、干燥程度已满足施工要求。

(3) 隔离层墙上高度控制线已标出。

(4) 隔离层材料已经复试合格。

(5) 防水施工人员有上岗证。

8.5 材料和质量要点

8.5.1 材料的关键要求

(1) 防水涂料：应符合设计要求和有关建筑涂料的现行国家标准的规定，进场后应进行抽样复试，合格后方准使用。

(2) 防水卷材：应符合设计要求和有关防水材料的现行国家标准的规定，进场后应进行抽样复试，合格后方准使用。

(3) 防水剂：隔离层中掺用防水剂的质量应符合现行国家标准《混凝土外加剂》GB 8076 的规定，进场后应进行抽样复试，合格后方准使用。

(4) 水：用水宜采用饮用水。

8.5.2 技术的关键要求

(1) 隔离层的材料，其材质应经有资质的检测单位认定，合格后方准使用；

(2) 当采用掺有防水剂的水泥类找平层作为防水隔离层时，其掺量和强度等级（或配合比）应符合设计要求；

(3) 在水泥类找平层上铺设沥青类防水卷材、防水涂料或以水泥类材料作为防水隔离层时，其表面应坚固、洁净、干燥。铺设前涂刷基层处理剂，基层处理剂应采用与卷材性能配套的材料或采用同类涂料的底子油；

（4）铺设防水隔离层时，在管道穿过楼板面四周，防水材料应向上铺涂，并超过套管的上口。在靠近墙面处，应高出面层200～300mm或按设计要求的高度铺涂。阴阳角和管道穿过楼板面的根部应增加铺涂附加防水隔离层。

8.5.3 质量关键要求

（1）隔离层施工质量检验应符合现行国家标准《屋面工程质量验收规范》（GB 50207）和《中国建筑工程总公司屋面工程施工工艺标准》的有关规定；

（2）防水材料铺设后，必须进行蓄水试验，蓄水深度应为20～30mm，24h内无渗漏为合格，并做记录。

8.5.4 职业健康安全关键要求

（1）涂料的调配、喷涂及沥青类材料加热等过程中，施工人员应配戴口罩；

（2）电动机具的操作人员应配戴胶鞋和胶皮手套。

8.5.5 环境关键要求

（1）沥青类材料和涂料等应单独统一存放，存放点应通风并有防火措施；

（2）因调配涂料等产生的污水应经过滤后排入指定地点；

（3）施工机具的运行噪声应控制在当地有关部门的规定范围内；

（4）施工余下的沥青类材料和涂料应及时回收处理，以免污染环境。

8.6 施工工艺

8.6.1 工艺流程

材料验收 → 涂料调制 → 基层处理 → 铺设隔离层材料 → 验收

8.6.2 操作工艺

(1) 确定涂料及胶粘剂等的调制比例,并按比例调制。

(2) 铺设前,应清除基层的淤泥和杂物,并保持基层干燥,含水率不大于9%。

(3) 隔离层采取卷材时,铺贴前刷冷底子油,涂刷要均匀,不得漏刷。采取防水涂料时,基层铺涂前应刷底胶,涂刷要均匀,不得漏刷。

(4) 细部处理

在墙面和地面相交的阴角处,出地管道根部和地漏周围,须增加附加层,附加层宜在冷底子油或底胶作完后施工。附加层做法应符合设计要求。

(5) 卷材铺设操作要点

1) 卷材表面和基层表面上用长把滚刷均匀涂布胶粘剂,涂胶后静置20min左右,待胶膜基本干燥,指触不粘时,即可进行卷材铺贴。

2) 卷材铺贴时先弹出基准线,将卷材的一端固定在预定部位,再沿基准线铺展。平面与立面相连的卷材先铺贴平面然后向立面铺贴,并使卷材紧贴阴、阳角。接缝部位必须距离阴、阳角200mm以上。

3) 铺完一张卷材后,立即用干净的松软长把滚刷从卷材一端开始朝横方向顺序用力滚压一遍,以彻底排除卷材与基层之间的空气,平面部位用外包橡胶的长300mm、重30~40kg的铁辊滚压一遍,使其粘结牢固,垂直部位用手持压辊滚压粘牢。

4) 卷材接缝宽度为100mm,在接缝部位每隔1m左右处,涂刷少许胶粘剂,待其基本干燥后,将搭接部位的卷材翻开,先作临时粘结固定,然后将粘结卷材接缝用的专用胶粘剂,均匀涂刷在卷材接缝隙的两个粘结面上,待涂胶基本干燥后再进行压合。

5) 卷材接缝部位的附加增强处理:在接缝边缘填密封膏后,骑缝粘贴一条宽120mm的卷材胶条(粘贴方法同前)进行附加增强处理。

(6) 防水涂料操作要点

1) 在底子胶固化干燥后，先检查上面是否有气泡或气孔，如有气泡用底胶填实。

2) 铺设增强材料，涂刷涂料。采用橡胶刮板或塑料刮板将涂料均匀地涂刮在基层上，先涂立面，再涂平面，由内向外涂刮。

3) 第一道涂层固化后，手感不粘时，即可涂刮第二道涂层，第二道涂刮方向与第一道涂刮方向垂直。

4) 操作时应认真仔细，不得漏刮、鼓泡。

(7) 蓄水检验

隔离层施工完后，应进行试水试验。将地漏、下水口和门口处临时封堵，蓄水深度20~30mm，蓄水24h后，观察无渗漏现象为合格。

8.7 质量标准

8.7.1 主控项目

(1) 隔离层材质必须符合设计要求和国家产品标准的规定。

检验方法：观察检查和检查材质合格证明文件、检测报告。

(2) 厕浴间和有防水要求的建筑地面必须设置防水隔离层。楼层结构必须采用现浇混凝土或整块预制混凝土板，混凝土强度等级不应小于C20；楼板四周除门洞外，应做混凝土翻边，其高度不应小于120mm。施工时结构层标高和预留孔洞位置应准确，严禁乱凿洞。

检查方法：观察和钢尺检查。

(3) 水泥类防水隔离层的防水性能和强度等级必须符合设计要求。

检验方法：观察检查和检查检测报告。

(4) 防水隔离层严禁渗漏，坡向应正确、排水通畅。

检验方法：观察检查和蓄水、泼水检验或坡度尺检查及检查检测记录。

8.7.2 一般项目

(1) 隔离层与下一层结合牢固，不得有空鼓；防水涂料层应平整、均匀，无脱皮、起壳、裂缝、鼓泡等缺陷；

检验方法：用小锤轻击检查和观察检查。

(2) 隔离层厚度应符合设计要求；

检验方法：观察检查和用钢尺检查。

(3) 隔离层表面的允许偏差应符合表 8.7.2 规定：

隔离层表面的允许偏差和检验方法 （单位：mm） **表 8.7.2**

项次	项 目	允许偏差	检验方法
1	表面平整度	3	用 2m 靠尺和楔形塞尺检查
2	标 高	±4	用水准仪检查
3	坡 度	不大于房间相应尺寸的 2/1000，且不大于 30	用坡度尺检查
4	厚 度	在个别地方不大于设计厚度的 1/10	用钢尺检查

8.8 成品保护

8.8.1 铺设隔离层时，施工人员不得穿钉鞋，防止损伤防水卷材。

8.8.2 隔离层铺设完毕后应及时保护，并禁止施工人员在其上行走，造成隔离表面的损坏。

8.9 安全环保措施

8.9.1 施工机具必须符合《建筑机械使用安全技术规程》（JGJ

33）及《施工现场临时用电安全技术规范》（JGJ 46）的有关规定，施工中应定期对其进行检查、维修，保证机械使用安全。

8.9.2 施工现场剩余的防水涂料、处理剂、纤维布等应及时清理，以防其污染环境。

8.9.3 防水涂料、处理剂不用时，应及时封盖，不得长期暴露。

8.10 质量记录

8.10.1 防水材料材质合格证明文件及检测报告。
8.10.2 地面工程隔离层检验批质量验收记录。
8.10.3 安全、技术交底。

9 填充层施工工艺标准

9.1 总则

9.1.1 适用范围
本工艺标准适用于建筑工程中建筑地面工程（含室外散水、明沟、踏步、台阶和坡道等附属工程）中的填充层的施工及施工质量验收。

9.1.2 编制参考标准及规范
(1)《建筑工程施工质量验收统一标准》（GB 50300—2001）
(2)《建筑地面工程施工质量验收规范》（GB 50209—2002）
(3)《建筑地面设计规范》（GB 50037—96）
(4)《屋面工程质量验收规范》（GB 50207—2002）
(5)《民用建筑工程室内环境污染控制规范》（GB 50325—2001）

9.2 术语

9.2.1 填充层
在建筑地面上起隔声、保温、找坡或敷设管线等作用的构造层。填充层应采用松散、板块、整体保温材料和吸声材料等铺设而成。

9.2.2 松散保温材料
松散保温材料包括膨胀蛭石、膨胀珍珠岩、炉渣等以散状颗粒组成的材料。

9.2.3 整体保温材料

指用松散保温材料和水泥（或沥青等）胶结材料按设计要求的配合比拌制、浇筑，经固化而形成的整体保温材料。

9.2.4 板状保温材料

指采用水泥、沥青或其他有机胶结材料与松散保温材料，按一定比例拌合加工而成的制品。如水泥膨胀珍珠岩板、水泥膨胀蛭石板、沥青膨胀珍珠岩板、沥青膨胀蛭石板等。另外还有化学合成聚酯与合成橡胶类材料。如泡沫塑料板、有机纤维板等。

9.2.5 表观密度

材料在自然状态下，单位体积的重量。

9.3 基本规定

9.3.1 填充层采用的材料应按设计要求和《建筑地面工程施工质量验收规范》的规定选用，并应符合国家标准的规定，进场材料应有中文质量合格证明文件、规格、型号及性能检测报告。

9.3.2 沥青胶结料应按设计要求选用，并应符合现行国家标准《民用建筑工程室内环境污染控制规范》（GB 50325—2001）的规定。

9.3.3 填充层的下一层表面应平整。当为水泥类时，尚应干燥、洁净，并不得有空鼓、裂缝和起砂等缺陷。

9.3.4 采用松散材料铺设填充层时，应分层铺平拍实；采用板状材料铺设填充层时，应分层错缝铺贴。

9.3.5 填充层施工质量检验尚应符合现行国家标准《屋面工程质量验收规范》（GB 50207—2002）的有关规定。

9.4 施工准备

9.4.1 技术准备

（1）审查图纸，制定施工方案，进行技术交底。

(2) 抄平放线，统一标高、找坡。

(3) 填充层的配合比应符合设计要求。

9.4.2 材料要求：

(1) 松散材料的质量要求见表 9.4.2-1

松散材料质量要求　　　　　表 9.4.2-1

项　目	膨胀蛭石	膨胀珍珠岩	炉　渣
粒　径	3～15mm	≥0.15mm，≤0.15mm 的含量不大于 8%	5～40mm
表观密度	≤300kg/m³	≤120kg/m³	500～1000kg/m³
导热系数	≤0.14W/(m·K)	≤0.07W/(m·K)	0.19～0.256 W/(m·K)

(2) 整体保温材料的质量要求

构成整体保温材料中的松散保温材料其质量应符合本条第 1 款的规定，其胶结材水泥、沥青等应符合设计及国家有关标准的规定。水泥的强度等级应不低于 32.5 级。沥青在北方地区宜采用 30 号以上，南方地区应不低于 10 号。所用材料必须有出厂质量证明文件，并符合国家有关标准的规定。

(3) 板状保温材料的质量要求见表 9.4.2-2

板状保温材料质量要求　　　　　表 9.4.2-2

项　目	聚苯乙烯泡沫塑料		硬质聚氨酯泡沫塑料	泡沫玻璃	微孔混凝土	膨胀蛭石制品 膨胀珍珠岩制品
	挤压	模压				
表观密度 (kg/m³)	≥32	15～30	≥30	≥150	500～700	300～800
导热系数 W/(m·K)	≤0.03	≤0.041	≤0.027	≤0.062	≤0.22	≤0.26
抗压强度 (MPa)	—	—	—	≥0.4	≥0.4	≥0.3

续表

项目	聚苯乙烯泡沫塑料		硬质聚氨酯泡沫塑料	泡沫玻璃	微孔混凝土	膨胀蛭石制品 膨胀珍珠岩制品
	挤压	模压				
在10%形变下的压缩应力	≥0.15	≥0.06	≥0.15	—	—	—
70℃，48h后尺寸变化率（%）	≤2.0	≤5.0	≤5.0	≤0.5	—	—
吸水率（V/V,%）	≤1.5	≤6	≤3	≤0.5		
外观质量	板的外形基本平整，无严重凹凸不平；厚度允许偏差为5%，且不大于4mm					

9.4.3 主要机具

主要机具有搅拌机、水准仪、抹子、木杠、靠尺、筛子、铁锹、沥青锅、沥青桶、墨斗等。

9.4.4 作业条件

（1）施工所需各种材料已按计划进入施工现场。

（2）填充层施工前，其基层质量必须符合施工规范的规定。

（3）预埋在填充层内的管线以及管线重叠交叉集中部位的标高，并用细石混凝土事先稳固。

（4）填充层的材料采用干铺板状保温材料时，其环境温度不应低于-20℃。

（5）采用掺有水泥的拌合料或采用沥青胶结料铺设填充层时，其环境温度不应低于5℃。

（6）五级以上的风天、雨天及雪天，不宜进行填充层施工。

9.5 材料和质量要点

9.5.1 材料关键要求
填充层所用材料品种、规格、配合比、强度等级应符合设计要求，并应符合施工规范及现行国家、行业和有关产品材料标准的规定。

9.5.2 技术关键要求
（1）松散保温材料应分层铺平拍实，每层虚铺厚度不宜大于150mm，压实程度与厚度应通过试验确定。

（2）水泥、沥青膨胀珍珠岩、膨胀蛭石整体填充层，应拍实至设计厚度，虚铺厚度和压实程度应根据试验确定。水泥膨胀珍珠岩、膨胀蛭石宜采用人工搅拌。沥青膨胀珍珠岩、膨胀蛭石宜采用机械拌制，色泽一致，无沥青团。

（3）板状保温材料应分层错缝铺贴，每层应采用同一厚度的板块。铺设厚度应符合设计要求。

9.5.3 质量关键要求
（1）采用材料的质量应符合本标准表 9.4.2—1、9.4.2—2 的规定。炉渣中不应含有有机杂物、石块、土块、重矿渣块和未燃尽的煤块。

（2）整体保温材料表面应平整，厚度符合设计要求。

（3）干铺板状保温材料，应紧靠基层表面铺平、垫稳。粘贴板状保温材料时，应铺砌平整、严实。

9.5.4 职业健康安全关键要求
（1）装卸、搬运沥青和含有沥青的制品应使用机械和工具，有散漏粉沫时，应洒水，防止粉沫飞扬。

（2）拌制、铺设沥青膨胀珍珠岩、沥青膨胀蛭石的作业工人应按规定使用防护用品，并根据气候和作业条件安排适当的间歇时间。

（3）熔化桶装沥青，应先将桶盖和气眼全部打开，用铁条串通后，方准烘烤。严禁火焰与油直接接触。熬制沥青时，操作人员应站在上风方向。

9.5.5 环境关键要求

（1）干铺保温材料时，环境温度不应低于-5℃。

（2）整体保温材料及粘贴板状保温材料时，环境温度应不低于5℃。

（3）五级风以上的天气及雨、雪天，不宜施工。

9.6 施 工 工 艺

9.6.1 工艺流程

（1）松散保温材料铺设填充层的工艺流程

清理基层表面 → 抄平、弹线 → 管根、地漏局部处理及预埋件管线 → 分层铺设散状保温材料、压实 → 质量检查验收

（2）整体保温材料铺设填充层的工艺流程

清理基层表面 → 抄平、弹线 → 管根、地漏局部处理及管线安装 → 按配合比拌制材料 → 分层铺设、压实 → 检查验收

（3）板状保温材料铺设填充层的工艺流程

清理基层表面 → 抄平、弹线 → 管根、地漏局部处理及管线安装 → 干铺或粘贴板状保温材料 → 分层铺设、压实 → 检查验收

9.6.2 操作工艺

（1）松散保温材料铺设填充层的操作工艺

1）检查材料的质量，其表观密度、导热系数、粒径应符合本标准表9.4.2-1的规定。如粒径不符合要求可进行过筛，使其符合要求。

2）清理基层表面，弹出标高线。

3）地漏、管根局部用砂浆或细石混凝土处理好，暗敷管线

安装完毕。

4）松散材料铺设前，预埋间距800～1000mm木龙骨（防腐处理）、半砖矮隔断或抹水泥砂浆矮隔断一条，高度符合填充层的设计厚度要求，控制填充层的厚度。

5）虚铺厚度不宜大于150mm。应根据其设计厚度确定需要铺设的层数，并根据试验确定每层的虚铺厚度和压实程度，分层铺设保温材料，每层均应铺平压实，压实采用压滚和木夯，填充层表面应平整。

(2) 整体保温材料铺设填充层的操作工艺

1）松散材料质量应符合本条第1款第1）小项的规定，水泥、沥青等胶结材料应符合国家有关标准的规定。

2）同本条第（1）款第2）项。

3）同本条第（1）款第3）项。

4）按设计要求的配合比拌制整体保温材料。水泥、沥青膨胀珍珠岩、膨胀蛭石应采用人工搅拌，避免颗粒破碎。水泥为胶结料时，应将水泥制成水泥浆后，边拨边搅。当以热沥青为胶结料时，沥青加热温度不应高于240℃，使用温度不宜低于190℃。膨胀珍珠岩、膨胀蛭石的预热温度宜为100～120℃，拌合时以色泽一致，无沥青团为宜。

5）铺设时应分层压实，其虚铺厚度与压实程度通过试验确定。表面应平整。

(3) 板状保温材料铺设填充层时的操作工艺

1）所用材料应符合设计要求，并应符合本标准表9.4.2-2的规定。水泥、沥青等胶结料应符合国家有关标准的规定。

2）同本条第（1）款第2）项。

3）同本条第（1）款第3）项。

4）板状保温材料应分层错缝铺贴，每层应采用同一厚度的板块，厚度应符合设计要求。

5）板状保温材料不应破碎、缺棱掉角，铺设时遇有缺棱掉角、破碎不齐的，应锯平拼接使用。

6）干铺板状保温材料时，应紧靠基层表面，铺平、垫稳，分层铺设时，上下接缝应互相错开。

7）用沥青粘贴板状保温材料时，应边刷，边贴，边压实，务必使沥青饱满，防止板块翘曲。

8）用水泥砂浆粘贴板状保温材料时，板间缝隙应用保温砂浆填实并勾缝。保温灰浆配合比一般为 1:1:10（水泥:石灰膏:同类保温材料碎粒，体积比）。

9）板状保温材料应铺设牢固，表面平整。

9.7 质量标准

9.7.1 主控项目

（1）填充层的材料质量必须符合设计要求和国家产品标准的规定。

检验方法：观察检查和检查材质合格证明文件、检测报告。

（2）填充层的配合比必须符合设计要求。

检验方法：观察检查和检查配合比通知单。

9.7.2 一般项目

（1）松散材料填充层铺设应密实，板块状填充层应压实、无翘曲。

检验方法：观察检查。

（2）填充层表面的允许偏差应符合表 9.7.2-1 的规定。

检验方法：按表 9.7.2-1 中的检验方法检验。

填充层表面允许偏差和检验方法 表 9.7.2-1

	项 目	表面平整度	标 高	坡 度	厚 度
填充层	松散材料	7mm	±4mm	不大于房间相应尺寸2‰，且不大于30mm	个别地方不大于设计厚度的1/10
	板状材料	5mm	±4mm		
	检验方法	用2m靠尺和楔形塞尺检查	用水准仪检查	用坡度尺检查	用钢尺检查

9.8 成品保护

9.8.1 材料堆放应避风避雨、防潮、搬运时要防止压榨，堆放高度不宜超过1m。

9.8.2 松散保温材料铺设的填充层拍实后，不得在填充层上行车和堆放重物。

9.8.3 填充层验收合格后，应立即进行上部的找平层施工。

9.9 安全环保措施

9.9.1 对作业人员进行安全技术交底、安全教育。

9.9.2 采用沥青类材料时，应尽量采用成品。如必须在现场熬制沥青时，锅灶应设置在远离建筑物和易燃材料30m以外地点，并禁止在屋顶、简易工棚和电气线路下熬制；严禁用汽油和煤油点火，现场应配置消防器材、用品。

9.9.3 装运热沥青时，不得用锡焊容器，盛油量不得超过其容量的2/3。垂直吊运下方不得有人。

9.9.4 使用沥青胶结料时，室内应通风良好。

9.10 质量记录

9.10.1 填充层材料出厂质量证明文件（具有产品性能的检测报告），进场验收检查记录。

9.10.2 整体填充层材料的配合比通知单。

9.10.3 熬制沥青温度检测记录。

9.10.4 填充层工程隐蔽检查验收记录。

9.10.5 地面工程填充层检验批质量验收记录。

10 水泥混凝土面层施工工艺标准

10.1 总 则

10.1.1 适用范围
本工艺标准适用于工业与民用建筑水泥混凝土（含细石混凝土）地面面层的施工。
10.1.2 编制参考标准及规范
(1)《建筑工程施工质量验收统一标准》(GB 50300—2001)
(2)《建筑地面工程施工质量验收规范》(GB 50209—2002)
(3)《混凝土强度检验评定标准》(JB 107—87)

10.2 术 语

10.2.1 建筑地面
建筑物底层地面（地面）和楼层地面（楼面）的总称。
10.2.2 面层
直接承受各种物理和化学作用的建筑地面表面层。
10.2.3 职业健康安全
影响工作场所内员工、临时工作人员、合同方人员、访问者和其他人员健康和安全的条件和因素。

10.3 基本规定

10.3.1 水泥混凝土面层工程所用的水泥应有产品的合格证书（或产品性能检测报告），水泥、砂、石等应有材料主要性能的进场复试报告。

10.3.2 水泥混凝土面层工程必须严格按本标准操作规范进行操作，保证工程质量，同时确保各施工人员的职业健康安全和现场文明施工。

10.3.3 水泥混凝土面层工程随地面工程检验批验收时，主控项目必须达到本标准的规定认定为合格；一般项目应有80%及以上的检查点（处）符合本标准的规定，且其他点（处）不得有明显影响使用的地方，并不得大于允许偏差值的50%为合格。

10.3.4 本标准中未提及的方面，按照现行国家质量验收规范、标准执行。

10.3.5 铺设整体面层时，其水泥类基层的抗压强度不得小于1.2MPa；表面应粗糙、洁净、湿润并不得有积水。铺设前宜涂刷界面处理剂。

10.3.6 整体面层施工后，养护时间不少于7d，抗压强度应达到5MPa后，方准上人行走；抗压强度应达到设计要求后，方可正常使用。

10.3.7 当采用掺有水泥拌合料做踢脚线时，不得用石灰砂浆打底。

10.3.8 整体面层的抹平工作应在水泥初凝前完成，压光工作应在水泥终凝前完成。

10.3.9 水泥混凝土面层厚度应符合设计要求。

10.3.10 水泥混凝土面层铺设不得留施工缝。当施工间隙超过允许时间规定时，应对接槎处进行处理。

10.3.11 地面镶边时，如设计无要求时，在强烈机械作用下，混凝土面层与其他面层交接处，应设置金属镶边构件。

10.4 施工准备

10.4.1 技术准备

（1）审查图纸，制定施工方案，了解水泥混凝土的强度等级；

（2）在施工前对操作人员进行技术交底；

（3）抄平放线，统一标高。检查各房间的地坪标高，并将统一水平标高线弹在各房间四壁上，一般离设计的建筑地面标高500mm；

（4）在穿过地面处的立管加上套管，再用水泥细石混凝土将四周稳牢堵严；

（5）检查预埋在垫层内的电线管和管线重叠交叉集中部位的标高，并用细石混凝土事先稳牢（管线重叠交叉部位需设钢板网，各边宽出管子150mm）；

（6）检查地漏标高，用细石混凝土将地漏四周稳牢堵严；

（7）检查预埋地脚螺栓预留孔洞或预埋铁件的位置。

10.4.2 材料要求

（1）水泥采用普通硅酸盐水泥、矿渣硅酸盐水泥，其强度等级不得低于32.5。

（2）砂宜采用中砂或粗砂，含泥量不应大于3%。

（3）石采用碎石或卵石，其最大粒径不应大于面层厚度的2/3；当采用细石混凝土面层时，石子粒径不应大于15mm；含泥量不应大于2%。

（4）水宜采用饮用水。

（5）粗骨料的级配要适宜。粒径不大于15mm，也不应大于面层厚度的2/3。含泥量不大于2%。

10.4.3 主要机具

混凝土搅拌机、拉线和靠尺、抹子和木杠、捋角器及地辊（用于碾压混凝土面层，代替平板振动器的振实工作，且在碾压的同时，能提浆水，便于表面抹灰）。

10.4.4 作业条件

（1）施工前在四周墙身弹好水准基准水平墨线（如：+500mm线）；

（2）门框和楼地面预埋件、水电设备管线等均应施工完毕并经检查合格。对于有室内外高差的门口位置，如果是安装有下槛的铁门时，尚应考虑室内外完成面能各在下槛两侧收口；

（3）各种立管孔洞等缝隙应先用细石混凝土灌实堵严（细小缝隙可用水泥砂浆灌堵）；

（4）办好作业层的结构隐蔽验收手续；

（5）作业层的顶棚（天花）、墙柱施工完毕。

10.4.5 施工组织及人员准备

（1）组织专业小组进行水泥混凝土面层工程的施工；

（2）配备的施工人员必须认真执行有关安全技术规程和该工种的操作规程；

（3）监督施工过程中混凝土从搅拌到使用的材料用量、配比等的试验人员必须具有相关的资质证书。

10.5 材料和质量要点

10.5.1 材料的关键要求

（1）根据施工设计要求计算水泥、砂、石等的用量，并确定材料进场日期；

（2）按照现场施工平面布置的要求，对材料进行分类堆放和做必要的加工处理。

（3）水泥的品种与强度等级应符合设计要求，且有出厂合格证明及检验报告方可使用。

（4）砂、石不得含有草根等杂物；砂、石的粒径级配应通过筛分试验进行控制，含泥量应按规范严格控制。

（5）水泥混凝土应均匀拌制，且达到设计要求的强度等级。

10.5.2 技术的关键要求

（1）铺设混凝土面层时，宜在垫层或找平层的混凝土或水泥砂浆抗压强度达到1.2MPa后方能在其上做面层。基层应洁净、湿润，表面应粗糙，如表面光滑应斩毛处理。

（2）细石混凝土面层一般采用不低于C20的细石混凝土，混凝土面层一般采用不低于C15的混凝土提浆抹光，混凝土应采用机械搅拌，浇捣时混凝土的坍落度应不大于30mm。

(3) 铺设混凝土时，先刷水灰比为0.4~0.5的水泥浆，随刷随铺混凝土，用平板振动器振捣密实。施工间歇后继续浇捣前，应对已硬化的混凝土接槎处的松散石子、灰浆等清除干净，并涂刷水泥浆，再继续浇捣混凝土，保证施工缝处混凝土的密实。

(4) 细石混凝土面层应在初凝前完成抹平工作，终凝前完成压光工作。地面面层与管沟、孔洞等邻接处应设置镶边。有地漏等带有坡度的面层，坡度应能满足排除液体的要求。

(5) 水泥混凝土面层施工时，要求保证施工温度在+5℃以上。

10.5.3 质量关键要求

(1) 防止面层起砂

1) 产生原因：主要是配合比不当、水泥强度等级过低或安定性不合格、砂子过细或含泥量过大以及水泥混凝土的水灰比太大等原因造成。

2) 预控手段：主要是控制面层所使用的水泥、砂、石等材料的强度和粒径等，还应控制面层的抹压工序和成活遍数。

(2) 防止面层起皮

1) 产生原因：其酿成的原因主要是成活后的地面早期受冻、压光时撒了干水泥灰面吸收水分、混凝土干压不动时采用了洒水抹压。

2) 预控手段：严禁洒水抹压，如混凝土太干可在混凝土上洒水，但应严格控制洒水量并拌合均匀，再将混凝土铺平拍实压光；在混凝土面层产生泌水现象时，严禁在其上撒干水泥灰面，必要时采用1:1的干水泥砂子拌合均匀后，铺撒在泌水过多的面层上进行压光；冬期施工时，对地面所用水泥必须提高强度等级，并在混凝土中加抗冻剂及保温防护措施；控制浇水养护在终凝前24h后进行。

(3) 防止面层空鼓

1) 产生原因：基层清理不干净或表面酥松、压实密度差。

2) 预控手段：结构基层的强度必须满足设计要求，稳定性好，表面坚实（否则应铲除且清理后修补）；对基层彻底清理晾干后刷水泥素浆才可铺面层；混凝土铺设时应严格控制振捣程序，确保面层密实后将表面刮平。

(4) 防止裂缝产生

1) 产生原因：主要是装配式楼板顺板缝方向的裂缝和板沿搁置方向的裂缝，特别是进深梁上板沿搁置方向开裂；基土松散、地面下沉等原因使承重基体的承载力弱，受力后产生变形，导致地面面层开裂；进深梁受力产生负弯矩，梁上的板面因梁的变形而受拉开裂。

2) 预控手段：严格控制基层结构强度和稳定性，特别是控制楼板的安装、板与墙或梁的连接及嵌缝的质量；控制地面混凝土垫层、炉渣垫层及找平层的质量。

10.5.4 职业健康安全关键要求

（1）石灰、水泥等含碱性，对操作人员的手有腐蚀作用，施工人员应配戴防护手套。

（2）混凝土的拌制过程中操作人员应戴口罩防尘。

10.5.5 环境关键要求

（1）拌制混凝土时所排除的污水需经处理后才能排放。

（2）施工过程产生的建筑垃圾运至指定地点丢弃。

（3）施工后混凝土面层表面应及时清理，保持环境的干净整齐。

10.6 施 工 工 艺

10.6.1 工艺流程

基层清理 → 基层表面的湿润（不得有积水）→ 水泥混凝土的振实 → 打抹压光（同时留置施工缝）→ 养护 → 成品保护

10.6.2 操作工艺

（1）基层清理：铺设前必须将基层冲洗干净，根据水准基准线（如：+500mm基准线）弹出厚度控制线，并贴灰饼、冲筋。

（2）基层表面的湿润：基层表面要提前湿润，但不得有积水现象。铺设面层时，先在表面均匀涂刷水泥浆一遍，其水灰比值为0.4~0.5。随刷随按顺序铺筑混凝土面层，并用木杠按灰饼或冲筋拉平。

（3）水泥混凝土的振实：用平板振捣器振捣密实，若无机械设备，或采用30kg重滚筒，直至表面挤出浆来即可；低洼处应用混凝土补平，并应保证面层与基层结合牢固。

（4）打抹压光：待2~3h混凝土稍收水后，采用铁抹子压光。压光工序必须在混凝土终凝前完成。施工缝应留置在伸缩缝处，当撤除伸缩缝模板时，用捋角器将边捋压齐平，待混凝土养护完后再清除缝内杂物，按要求分别灌热沥青或填沥青砂浆。

（5）养护：压光12h后即覆盖并洒水养护，养护应确保覆盖物湿润，每天应洒水3~4次（天热时增加次数），约需延续10~15d左右。但当日平均气温低于5０C时，不得浇水。

10.7 质量标准

10.7.1 主控项目

（1）水泥混凝土采用的粗骨料，其最大粒径不应大于面层厚度的2/3，细石混凝土面层采用的石子粒径不应大于15mm。

检验方法：观察检查和检查材质合格证明文件及检测报告。

（2）面层的强度等级应符合设计要求，且水泥混凝土面层强度等级不应小于C20；水泥混凝土垫层兼面层的强度等级不应小于C15。

检验方法：检查配合比通知单及检测报告。

（3）面层与下一层应结合牢固，无空鼓、裂纹。

检验方法：用小锤轻击检查。

10.7.2 一般项目

(1) 面层表面不应有裂纹、脱皮、麻面、起砂等缺陷。

检验方法：观察检查。

(2) 面层表面的坡度应符合设计要求，不得有倒泛水和积水现象。

检验方法：观察和采用泼水或用坡度尺检查。

(3) 水泥砂浆踢脚线与墙面紧密结合，高度一致，出墙厚度均匀。

检验方法：用小锤轻击、钢尺和观察检查。

(4) 楼梯踏步的宽度、高度应符合设计要求。楼层梯段相邻踏步高度差不应大于10mm，每踏步两端宽度差不应大于10mm；旋转楼梯梯段的每踏步两端宽度的允许偏差为5mm。楼梯踏步的齿角应整齐，防滑条应顺直。

检验方法：观察和钢尺检查。

(5) 水泥混凝土面层的允许偏差应符合表10.7.2的规定。

检验方法：按表10.7.2的检验方法检查。

水泥混凝土整体面层的允许偏差和检验方法　　表10.7.2

项次	项　目	允许偏差（mm）	检验方法
1	表面平整度	4	用2m靠尺和楔形塞尺检查
2	踢脚线上口平直	4	拉5m线和用钢尺检查
3	缝格平直	3	

10.8 成品保护

10.8.1 当水泥混凝土整体面层的抗压强度达到设计要求后，其上面方可走人，且在养护期内严禁在饰面上推动手推车、放重物品及随意践踏。

10.8.2 推手推车时不许碰撞门立边和栏杆及墙柱饰面，门框适当要包铁皮保护，以防手推车轴头碰撞门框。

10.8.3 施工时不得碰撞水电安装用的水暖立管等，保护好地漏、出水口等部位的临时堵头，以防灌入浆液杂物造成堵塞。

10.8.4 施工过程中被沾污的墙柱面、门窗框、设备立管线要及时清理干净。

10.9 安全环保措施

10.9.1 清理楼面时，禁止从窗口、施工洞口和阳台等处直接向外抛扔垃圾、杂物。

10.9.2 操作人员剔凿地面时要带防护眼镜。

10.9.3 夜间施工或在光线不足的地方施工时，应满足施工用电安全要求。

10.9.4 特殊工种的操作人员，必须持证上岗。

10.9.5 用卷扬机井架（上落笼）作垂直运输时，要注意联络信号，待吊笼平层稳定后再进行装卸操作。

10.9.6 室内推手推车拐弯时，要注意防止车把挤手。

10.9.7 拌制混凝土时所产生的污水必须经处理后才能排放。

10.10 质量记录

10.10.1 水泥混凝土面层技术、安全交底及专项施工方案。

10.10.2 混凝土地面面层分项工程质量验收记录。

10.10.3 地面工程子分部工程质量验收检查文件及记录。

10.10.4 原材料出厂检验报告和质量合格证文件、材料进场检（试）验报告（含抽样报告）。

10.10.5 混凝土抗压强度报告及配合比通知单。

11 水泥砂浆面层施工工艺标准

11.1 总　则

11.1.1 适用范围

本工艺标准适用于工业与民用建筑水泥砂浆地面面层的施工。

11.1.2 编制参考标准及规范

(1)《建筑工程施工质量验收统一标准》GB 50300—2001

(2)《建筑地面工程施工质量验收规范》GB 50209—2002

11.2 术　语

11.2.1 建筑地面

建筑物底层地面（地面）和楼层地面（楼面）的总称。

11.2.2 面层

直接承受各种物理和化学作用的建筑地面表面层。

11.2.3 职业健康安全

影响工作场所内员工、临时工作人员、合同方人员、访问者和其他人员健康和安全的条件和因素。

11.3 基本规定

11.3.1 水泥砂浆面层工程所用的水泥应有产品的合格证书（或产品性能检测报告），水泥、砂等应有进场复试报告。

11.3.2 水泥砂浆面层工程必须严格按本标准操作规范进行操

作,保证工程质量,同时确保各施工人员的职业健康安全和现场文明施工。

11.3.3 水泥砂浆面层工程随属地面工程检验批验收时,其主控项目应全部符合本标准的规定,一般项目应有80%及以上的抽检处符合本规范的规定,偏差值在允许偏差范围内。

10.3.4 本标准中未提及的方面,按照现行国家质量验收规范、标准执行。

10.3.5 铺设整体面层时,其水泥类基层的抗压强度不得小于1.2MPa;表面应粗糙、洁净、湿润并不得有积水。铺设前宜涂刷界面处理剂。

10.3.6 整体面层施工后,养护时间不少于7d,抗压强度应达到5MPa后,方准上人行走;抗压强度应达到设计要求后,方可正常使用。

10.3.7 当采用掺有水泥拌合料做踢脚线时,不得用石灰砂浆打底。

10.3.8 整体面层的抹平工作应在水泥初凝前完成,压光工作应在水泥终凝前完成。

10.3.9 地面镶边时,如设计无要求时,在强烈机械作用下,水泥砂浆面层与其他面层交接处,应设置金属镶边构件。

11.4 施工准备

11.4.1 技术准备

(1)审查图纸,制定施工方案,了解水泥砂浆的强度等级;

(2)在施工前对操作人员进行技术交底;

(3)抄平放线,统一标高。检查各房间的地坪标高,并将统一水平标高线弹在各房间四壁上,一般离设计的建筑地面标高500mm;

(4)在穿过地面处的立管加上套管,再用水泥砂浆将四周稳牢堵严;

(5) 检查预埋地脚螺栓预留孔洞或预埋铁件的位置；

(6) 检查地漏标高，用细石混凝土将地漏四周稳牢堵严；

(7) 组织熟练的专业队伍进行面层工程的施工操作；

(8) 配置经验足够、资质具备的人员组成项目成员，并建立强有力的项目管理机构组织。

11.4.2 材料要求

(1) 水泥采用强度等级 32.5 以上普通硅酸盐水泥或矿渣硅酸盐水泥，冬期施工时宜采用强度等级 42.5 普通硅酸盐水泥，严禁混用不同品种、不同强度等级的水泥。

(2) 砂子采用中、粗砂，含泥量不大于 3%。

(3) 水泥的品种、强度必须符合现行技术标准和设计规范的要求，砂要有试验报告，合格后方可使用。

11.4.3 主要机具

砂浆搅拌机、拉线和靠尺、抹子和木杠、捋角器及地面抹光机（用于水泥砂浆面层的抹光）。

11.4.4 作业条件

(1) 施工前在四周墙身弹好水准基准水平墨线（一般弹+500mm线）；

(2) 门框和楼地面预埋件、水电设备管线等均应施工完毕并经检查合格。对于有室内外高差的门口位置，如果是安装有下槛的铁门时，尚应顾及室内外完成面能各在下槛两侧收口；

(3) 各种立管孔洞等缝隙应先用细石混凝土灌实堵严（细小缝隙可用水泥砂浆灌堵）；

(4) 办好作业层的结构隐蔽验收手续；

(5) 作业层的天棚（天花）、墙柱施工完毕。

11.5 材料和质量要点

11.5.1 材料的关键要求

(1) 根据设计图纸要求计算出水泥、砂等的用量，并确定材料进场日期。

(2) 按照现场施工平面布置的要求，对材料进行分类堆放和作必要的加工处理。

(3) 水泥的品种与强度等级应符合设计要求，且有出厂合格证明及检验报告方可使用。

(4) 砂不得含有草根等杂物；砂的粒径级配应通过筛分试验进行控制，含泥量应按规范严格控制。

(5) 水泥砂浆应均匀拌制，且达到设计要求的强度等级。

11.5.2 技术的关键要求

(1) 当水泥砂浆面层下一层有水泥类材料时，其表面应粗糙、洁净和湿润，并不得有积水现象；当在预制钢筋混凝土板上铺设时，应在已压光的板上划毛、凿毛或涂刷界面处理剂。

(2) 当铺设水泥砂浆面层时，其下一层水泥类材料的抗压强度应$\geqslant 1.2 N/mm^2$。在铺设前应刷一遍水泥浆，其水灰比宜为0.4~0.5，并应随刷随铺，随铺随拍实并控制其厚度。抹压时先用刮尺刮平，用木抹子抹平，再用铁抹压光。

(3) 水泥砂浆的配合比不宜低于1:2，其稠度（以标准圆锥体沉入度计）不应大于35mm。抹平工作应在初凝前完成，压光工作应在终凝前完成。

(4) 水泥砂浆面层铺设后，表面应覆盖湿润，在常温下养护时间不应少于7d。

(5) 水泥砂浆面层的允许偏差按一定的规范进行控制，对应专门的检验方法进行检查。

11.5.3 质量关键要求

(1) 避免起砂、起泡：其原因是水泥质量不好，水泥砂浆搅拌不均匀，砂子过细或含泥量过大，水灰比过大，压光遍数不够及压光过早或过迟，养护不当等。因此，原材料一定要经试验合格后才可使用；严格控制水灰比，用于地面面层的水泥砂浆稠度不宜大于35mm；掌握好面层的压光时间。水泥地面的压光一般不应少于三遍：第一遍随铺随进行，第二遍压光在初凝后终凝前完成，第三遍主要是消除抹痕和闭塞细毛孔，亦切忌在水泥终凝后进行，连续养护时间不应少于7昼夜。

(2) 避免面层空鼓（起壳）：其原因是砂子粒径过细，水灰比过大，基层清理不干净，基层表面不够湿润或表面积水，未做到素水泥浆随扫随做面层砂浆。因此，在面层水泥砂浆施工前，应严格处理好底层（清洁、平整、湿润），重视原材料质量，素水泥浆应与铺设面层紧密配合，严格做好随刷随铺。

11.5.4 职业健康安全关键要求

(1) 石灰、水泥等含碱性，对操作人员的手有腐蚀作用，施工人员应配戴防护手套。

(2) 砂浆的拌制过程中操作人员应带口罩等防尘劳保用具。

11.5.5 环境关键要求

(1) 拌制砂浆时所排除的污水需经处理后才能排放。

(2) 施工过程产生的建筑垃圾运至指定地点丢弃。

(3) 施工后砂浆面层表面应及时清理，保持环境的干净整齐。

11.6 施工工艺

11.6.1 工艺流程

刷素水泥浆结合 → 找标高、弹线 → 打灰饼、冲筋 → 铺设砂浆面层 → → 搓平 → 压光 → 养护 → 检查验收

11.6.2 操作工艺

(1) 刷素水泥浆结合层：宜刷水灰比为 0.4～0.5 的素水泥浆，也可在基层上均匀洒水湿润后，再撒水泥粉，用竹扫帚均匀涂刷，随刷随做面层，应控制一次涂刷面积不宜过大。

(2) 地面与楼面的标高和找平，控制线应统一弹到房间四周墙上，高度一般比设计地面高 500mm。有地漏等带有坡度的面层，坡度应满足排除液体要求。

(3) 打灰饼、冲筋：根据+500mm水平线，在地面四周做灰饼，然后拉线打中间灰饼再用干硬性水泥砂浆做软筋（软筋间距为1.5m左右）。在有地漏和坡度要求的地面，应按设计要求做泛水和坡度。对于面积较大的地面，则应用水准仪测出面层的平均厚度，然后边测标高边做灰饼。

(4) 水泥砂浆面层的施工

1) 基层为混凝土时，常用干硬性水泥砂浆，且以砂浆外表湿润松散、手握成团、不泌水分为准，而水泥焦渣基层可用一般水泥砂浆。水泥砂浆的配比为1:2（如用强度等级32.5的水泥则可用1:2.5的配比）。操作时先在两冲筋之间均匀地铺上砂浆，比冲筋面略高，然后用刮尺以冲筋为准刮平、拍实，待表面水分稍干后，用木抹子打磨，要求把砂眼、凹坑、脚印打磨掉，操作人员在操作半径内打磨完后，即用纯水泥浆均匀满涂在面上，再用铁抹子抹光。向后退着操作，在水泥砂浆初凝前完成。

2) 第二遍压光：在水泥砂浆初凝前，即可用铁抹子压抹第二遍，要求不漏压，做到压实、压光；凹坑、砂眼和踩的脚印都要填补压平。

3) 第三遍压光：在水泥砂浆终凝前，此时人踩上去有细微脚印，当试抹无抹纹时，即可用灰匙（铁抹子）抹压第三遍，压时用劲稍大一些，把第二遍压光时留下的抹纹、细孔等抹平，达到压平、压实、压光。

4) 养护：水泥砂浆完工后，第二天要及时浇水养护，使用矿渣水泥时尤其应注意加强养护。必要时可蓄水养护，养护时间宜不少于7d。

11.7 质量标准

11.7.1 主控项目

(1) 水泥采用硅酸盐水泥、普通硅酸盐水泥，其强度等级不应小于32.5级，不同品种、不同强度的水泥严禁混用；砂应为中粗砂,当采用石屑时,其粒径应为1~5mm,且含泥量不应大于3%。

检验方法:观察检查和检查材质合格证明文件及检测报告。

(2) 水泥砂浆面层的体积比(强度等级)必须符合设计要求;且体积比应为1:2,强度等级不应小于M15。

检验方法:检查配合比通知单和检测报告。

(3) 面层与下一层应结合牢固,无空鼓、裂纹。

检验方法:用小锤轻击检查。

11.7.2 一般项目

(1) 面层表面的坡度应符合设计要求,不得有倒泛水和积水现象。

检验方法:观察和采用泼水或坡度尺检查。

(2) 面层表面应洁净,无裂纹、脱皮、麻面、起砂等缺陷。

检验方法:观察检查。

(3) 踢脚线与墙面应紧密结合,高度一致,出墙厚度均匀。

检验方法:用小锤轻击、钢尺和观察检查。

(4) 楼梯踏步的宽度、高度应符合设计要求。楼层梯段相邻踏步高度差不应大于10mm,每踏步两端宽度差不应大于10mm;旋转楼梯梯段的每踏步两端宽度的允许偏差为5mm,梯踏步的齿角应整齐,防滑条应顺直。

检验方法:观察和钢尺检查。

(5) 水泥砂浆面层的允许偏差应符合表11.7.2的规定。

检验方法:应按表11.7.2中的检验方法进行检验。

水泥砂浆整体面层的允许偏差和检验方法　　表11.7.2

项次	项 目	允许偏差(mm)	检 验 方 法
1	表面平整度	3	用2m靠尺和楔形塞尺检查
2	踢脚线上口平直	4	拉5m线和用钢尺检查
3	缝格平直	3	

11.8 成品保护

11.8.1 当水泥砂浆整体面层的抗压强度达到设计要求后,其上表面方可走人,且在养护期内严禁在饰面上推动手推车、放重物品及随意践踏。

11.8.2 推手推车时不许碰撞门立边和栏杆及墙柱饰面,门框适当要包铁皮保护,以防手推车轴头碰撞门框。

11.8.3 施工时不得碰撞水电安装用的水暖立管等,保护好地漏、出水口等部位的临时堵头,以防灌入浆液杂物造成堵塞。

11.8.4 施工过程中被沾污的墙柱面、门窗框、设备立管线要及时清理干净。

11.9 安全环保措施

11.9.1 清理楼面时,禁止从窗口、留洞口和阳台等处直接向外抛扔垃圾、杂物。

11.9.2 操作人员剔凿地面时要带防护眼镜。

11.9.3 夜间施工或在光线不足的地方施工时,应采用36V的低压照明设备,地下室照明用电不超过12V。

11.9.4 非机电人员不准乱支机电设备。

11.9.5 用卷扬机井架(上落笼)作垂直运输时,要注意联络信号,待吊笼平层稳定后再进行装卸操作。

11.9.6 室内推手推车拐弯时,要注意防止车把挤手。

11.9.7 拌制砂浆时所产生的污水必须经处理后才能排放。

11.9.8 施工时随做随清,保持现场的整洁干净。

11.10 质量记录

11.10.1 水泥砂浆面层技术、安全交底及专项施工方案。

11.10.2 建筑地面工程水泥砂浆面层检验批和分项工程质量验收记录。

11.10.3 建筑地面工程子分部工程质量验收记录。

11.10.4 原材料出厂检验报告和质量合格证文件、材料进场检(试)验报告(含抽样报告)。

11.10.5 面层的强度等级试验报告。

11.10.6 建筑地面工程子分部工程质量验收应检查的安全的功能项目。

12 水磨石面层工程施工工艺标准

12.1 总　　则

12.1.1 适用范围
本工艺标准适用于工业与民用建筑房屋，以水磨石作地面面层的施工。

12.1.2 参考标准及规范
(1)《建筑工程施工质量验收统一标准》(GB 50300—2001)
(2)《建筑地面工程施工质量验收规范》(GB 50209—2002)

12.2 术　　语

12.2.1 建筑地面
建筑物底层地面（地面）和楼层地面（楼面）的总称。

12.2.2 面层
直接承受各种物理和化学作用的建筑地面表面层，本标准指现制水磨石面层。

12.2.3 纵向缩缝
平行于混凝土施工流水作业方向的缩缝。

12.2.4 横向缩缝
垂直于混凝土施工流水作业方向的缩缝。

12.2.5 职业健康安全
影响工作场所内员工、临时工作人员、合同方人员、访问者和其他人员健康和安全的条件和因素。

12.3 基本规定

12.3.1 水磨石面层工程所用的颜料、水泥、石子应有产品的合格证书（或产品性能检测报告），水泥应有进场复试报告。

12.3.2 水磨石面层工程必须严格按本标准操作规范进行操作，保证工程质量，同时确保各施工人员的职业健康安全和现场文明施工。

12.3.3 水磨石面层工程随属地面工程检验批验收时，主控项目必须达到本标准的规定认定为合格；一般项目应有80%及以上的检查点（处）符合本标准的规定，且其他点（处）不得有明显影响使用的地方，并不得大于允许偏差值的50%为合格。

12.3.4 本标准中未提及的方面，按照现行国家质量验收规范、标准执行。

12.3.5 铺设整体面层时，其水泥类基层的抗压强度不得小于1.2MPa；表面应粗糙、洁净、湿润并不得有积水。铺设前宜涂刷界面处理剂。

12.3.6 整体面层施工后，养护时间不少于7d，抗压强度应达到5MPa后，方准上人行走；抗压强度应达到设计要求后，方可正常使用。

12.3.7 当采用掺有水泥拌合料做踢脚线时，不得用石灰砂浆打底。

12.3.8 整体面层的抹平工作应在水泥初凝前完成，压光工作应在水泥终凝前完成。

12.3.9 水磨石面层厚度、面层的颜色和图案应符合设计要求。面层厚度设计若没有要求，宜为12~18mm，且按石粒粒径确定。

12.3.10 白色或浅色的水磨石面层，应采用白水泥；深色的水磨石面层，宜采用硅酸盐水泥、普通硅酸盐水泥或矿渣硅酸盐水泥；同颜色的面层应使用同一批水泥。同一彩色面层应使用同厂、同批的颜料；其掺入量宜为水泥重量的3%～5%或由试验确定。

12.3.11 水磨石面层的结合层水泥砂浆体积比宜为1:3，相应的强度等级不应小于M10，水泥砂浆稠度（以标准圆锥体沉入度计）宜为30～35mm。

12.3.12 水磨石地面镶边时，如设计无要求，应用同类材料以分隔条设置镶边。

12.3.13 普通水磨石面层磨光遍数不应少于3～4遍，高级水磨石面层的厚度和磨光遍数由设计确定。

12.4 施工准备

12.4.1 技术准备

（1）审查图纸，了解图纸中水磨石的详细做法及要求。
（2）编制详细的施工方案。
（3）进行详细的技术、安全、质量交底。

12.4.2 材料要求

（1）水泥：所用的水泥强度等级不应小于32.5级；原色水磨石面层宜用42.5级普通硅酸盐水泥；彩色水磨石，应采用白色或彩色水泥。

（2）石子（石米）：应采用坚硬可磨的岩石（常用白云石、大理石等）。应洁净无杂物、无风化颗粒，其粒径除特殊要求外，一般用6～15mm，或将大、小石料按一定比例混合使用。

（3）玻璃条：用厚3mm普通平板玻璃裁制而成，宽10mm左右（视石子粒径定），长度由分块尺寸决定。

（4）铜条：用2～3mm厚铜板，宽度10mm左右（视石子粒径定），长度由分块尺寸决定。铜条须经调直才能使用。铜条下部1/3处每米钻四个孔径2mm，穿铁丝备用。

（5）颜料：采用耐光、耐碱的矿物颜料，其掺入量不大于水泥重量的12%。如采用彩色水泥，可直接与石子拌合使用。

(6) 砂子：中砂，通过 0.63mm 孔径的筛，含泥量不得大于 3%。

(7) 其他：草酸、地板蜡、ϕ0.5～1.0mm 直径铁丝。

12.4.3 主要机具

机械磨石机或手提磨石机、拉线和靠尺、抹子和木杠、捋角器及地辊（用于碾压混凝土面层，代替平板振动器的振实工作，且在碾压的同时，能提浆水，便于表面抹灰）。

12.4.4 作业条件

(1) 施工前应在四周墙壁弹出水准基准水平墨线。（一般弹 +1000mm 或 +500mm 线）。

(2) 门框和楼地面预埋件、水电设备管线等均应施工完毕并经检查合格，对于有室内外高差的门口部位。如果是安装有下槛的铁门时，尚应顾及室内外完成面能各在下槛两侧收口。

(3) 各种立管孔洞等缝隙应先用细石混凝土灌实堵严（细小缝隙可用水泥砂浆灌堵）。

(4) 办好作业层的结构隐蔽验收手续。

(5) 作业层的天棚（天花），墙柱抹灰施工完毕。

(6) 石子粒径及颜色须由设计人认定后才进货。

(7) 彩色水磨石如用白色水泥掺色粉拌制时，应事先按不同的配比做样板，交设计人员或业主认可。一般彩色水磨石色粉掺量为水泥量的 3%～5%，深色则不超过 12%。

(8) 水泥砂浆找平层施工完毕，养护 2～3d 后施工面层。

(9) 配备的施工人员必须熟悉有关安全技术规程和该工种的操作规程。

12.5 材料和质量要点

12.5.1 材料的关键要求

(1) 石子：同一单位工程宜采用同批产地石子，石子大小、颜色均匀。颜色规格不同的石子应分类保管；石子使用前过筛，水洗净晒干备用。

（2）砂：细度模数相同，颜色相近，含泥量<3%。

（3）水泥：同一单位工程地面，应使用同一品牌、同一批号的水泥。

（4）颜料：宜用同一品牌、同一批号的颜料。如分两批采购，在使用前必须做试配，确认与施工好的面层颜色无色差才允许使用。

12.5.2 技术的关键要求

（1）施工前必须编制详细的施工方案。

（2）操作工人操作前必须进行技术交底，明确施工要点和质量要点。

（3）大面积施工前必须先做样板，待业主认可后再进行大面积施工。

12.5.3 质量关键要求

质量的关键要求主要是控制以下水磨石施工过程中容易产生的质量通病：

（1）石粒显露不均匀，镶条显露不清，水磨石表面不平整。

1）石子规格不好，拌制不均匀及配合比不够准确。

2）铺抹不平整，没有用毛刷拉面（开面）检查石粒的均匀度，应在拉面（开面）后对差石粒部位补上石子后才搓平。

3）磨面深度不均匀。

4）按要求粘贴固定镶条，掌握开磨时间，控制好面层强度。

（2）分格块内四角空鼓。

1）基层清扫不干净，不够湿润。

2）石子浆铺抹后高出分格度的高度不一致。

3）磨面没有严格掌握平顺均匀。

12.5.4 职业健康安全关键要求

（1）拌制石子浆时，水泥的粉尘对人体有害，操作工人应进行防尘防护。

（2）磨石机打磨时，声音对人体有害，操作工人应做噪声防护。

（3）清理楼面时，禁止从窗口、留洞口和阳台等处直接向外抛扔垃圾、杂物。

（4）夜间施工或在光线不足的地方施工时，现场照明应符合施工用电安全要求。

（5）用卷扬机井架（上落笼）作垂直运输时，要注意联络信号，待吊笼平层稳定后再进行装卸操作。

（6）室内推手推车拐弯时，要注意防止车把挤手。

（7）磨石机在操作前应试机检查，确认电线插头牢固，无漏电才能使用；开磨时磨机电线、配电箱应架空绑牢，以防受潮漏电；配电箱内应设漏电掉闸开关，磨石机应设可靠安全接地线。

（8）特殊工种，其操作人员必须持证上岗。磨石机操作人员应穿高筒绝缘胶靴及戴绝缘胶手套，并经常进行有关机电设备安全操作教育。

12.5.5 环境关键要求

（1）拌制的石子浆一次使用完，结硬的石子浆不允许乱丢弃，集中堆放至指定地点，运出场地。

（2）采取专项措施，减少打磨时的噪声对周围环境的影响。

12.6 施工工艺

12.6.1 工艺流程

基层处理 → 找标高，弹线 → 打灰饼，冲筋 → 刷素水泥浆结合层 → 铺水泥砂浆找平层 → 养护 → 分隔条镶嵌 → 抹石子浆面层 → 磨光 → 刷草酸出光 → 打蜡抛光

12.6.2 操作工艺

（1）找标高，弹水平线，打灰饼，冲筋：

打灰饼（打墩）、冲筋：根据水准基准线（如：+500mm水平线），在地面四周做灰饼，然后拉线打中间灰饼（打墩）再用

干硬性水泥砂浆做软筋（推栏），软筋间距约1.5m左右。在有地漏和坡度要求的地面，应按设计要求做泛水和坡度。对于面积较大的地面，则应用水准仪测出面层平均厚度，然后边测标高边做灰饼。

(2) 刷素水泥浆结合层：

宜刷水灰比为0.4~0.5的素水泥浆，也可在基层上均匀洒水湿润后，再撒水泥粉，用竹扫（把）帚均匀涂刷，随刷随做面层，并控制一次涂刷面积不宜过大。

(3) 铺抹水泥砂浆找平层：

找平层用1:3干硬性水泥砂浆，先将砂浆摊平，再用靠尺（压尺）按冲筋刮平，随即用灰板（木抹子）磨平压实，要求表面平整、密实保持粗糙。找平层抹好后，第二天应浇水养护至少1d。

(4) 分格条镶嵌：

1) 找平层养护1d后，先在找平层上按设计要求弹出纵横两向直线或图案分格墨线，然后按墨线裁分格条。

2) 用纯水泥浆在分格条下部，抹成八字角通长座嵌牢固（与找平层约成30°角），铜条穿的铁丝要埋好。纯水泥浆的涂抹高度比分格条低3~5mm。分格条应镶嵌牢固，接头严密，顶面在同一水平面上，并拉通线检查其平整度及顺直。

3) 分格条镶嵌好后，隔12h开始浇水养护，最少应养护两天。

(5) 抹石子浆（石米）面层：

1) 水泥石子浆必须严格按照配合比计量。若彩色水磨石应先按配合比将白水泥和颜料反复干拌均匀，拌完后密筛多次，使颜料均匀混合在白水泥中，并注意调足用量以备补浆之用，以免多次调合产生色差，最后按配合比与石米搅拌均匀，然后加水搅拌。

2) 铺水泥石子浆前一天，洒水将基层充分湿润。在涂刷素水泥浆结合层前应将分格条内的积水和浮砂清除干净，接着刷水泥浆一遍，水泥品种与石子浆的水泥品种一致，随即将水泥石子浆先铺在分格条旁边，将分格条边约100mm内的水泥石子浆轻轻抹平压实，以保护分格条，然后再整格铺抹，用灰板（木抹子）或铁抹子（灰匙）抹平压实，（石子浆配合比一般为1:1.25或1:1.5）但不应用靠尺（压尺）刮。面层应比分格条高5mm，如局部石子浆过厚，应用铁抹子（灰匙）挖去，再将周围的石子浆刮平压实，对局部水泥浆较厚处，应适当补撒一些石子，并压平压实，要达到表面平整，石子（石米）分布均匀。

3）石子浆面至少要经两次用毛刷（横扫）粘拉开面浆（开面），检查石粒均匀（若过于稀疏应及时补上石子）后，再用铁抹子（灰匙）抹平压实，至泛浆为止。要求将波纹压平，分格条顶面上的石子应清除掉。

4）在同一平面上如有几种颜色图案时，应先做深色，后做浅色。待前一种色浆凝固后，再抹后一种色浆。两种颜色的色浆不应同时铺抹，以免做成串色，界线不清，影响质量。但间隔时间不宜过长，一般可隔日铺抹。

5）养护：石子浆铺抹完成后，次日起应进行浇水养护。并应设警戒线严防行人踩踏。

（6）磨光：

1）大面积施工宜用机械磨石机研磨，小面积、边角处可使用小型手提式磨石机研磨。对局部无法使用机械研磨时，可用手工研磨。开磨前应试磨，若试磨后石粒不松动，即可开磨。一般开磨时间同气温、水泥强度等级品种有关，可参考表12.6.2。

水磨石开磨时间参数表　　　　表12.6.2

平均温度（℃）	开磨时间（天）		备注
	机　磨	人工磨	
20~30	3~4	2~3	
10~20	4~5	3~4	
5~10	5~6	4~5	

2)磨光作业应采用"二浆三磨"方法进行,即整个磨光过程分为磨光三遍,补浆二次。

(A)用60~80号粗石磨第一遍,随磨随用清水冲洗,并将磨出的浆液及时扫除。对整个水磨面,要磨匀、磨平、磨透,使石粒面及全部分格条顶面外露。

(B)磨完后要及时将泥浆水冲洗干净,稍干后,涂刷一层同颜色水泥浆(即补浆),用以填补砂眼和凹痕,对个别脱石部位要填补好,不同颜色上浆时,要按先深后浅的顺序进行。

(C)补刷浆第二天后需养护3~4d,然后用100~150号磨石进行第二遍研磨,方法同第一遍。要求磨至表面平滑,无模糊不清之处为止。

(D)磨完清洗干净后,再涂刷一层同色水泥浆。继续养护3~4d,用180~240号细磨石进行第三遍研磨,要求磨至石子粒显露,表面平整光滑,无砂眼细孔为止,并用清水将其冲洗干净。

(7)涂刷草酸出光:

对研磨完成的水磨石面层,经检查达到平整度、光滑度要求后,即可进行擦草酸打磨出光。操作时可涂刷10%~15%的草酸溶液,或直接在水磨石面层上浇适量水及撒草酸粉,随后用280~320号细油石细磨,磨至出白浆、表面光滑为止。然后用布擦去白浆,并用清水冲洗干净并晾干。

(8)找蜡抛光:

按蜡:煤油=1:4的比例加热熔化,掺入松香水适量,调成稀糊状,用布将蜡薄薄地均匀涂刷在水磨石面上。待蜡干后,用包有麻布的木块代替油石装在磨石机的磨盘上进行磨光,直到水磨石表面光滑洁亮为止。

12.7 质量标准

12.7.1 主控项目

(1)水磨石面层的石粒,应采用坚硬可磨白云石、大理石等岩石加工成，石粒应洁净无杂物，其粒径除特殊要求外应为6~15mm；水泥强度等级不应小于32.5；颜料应采用耐光、耐碱的矿物原料，不得用酸性颜料。

检验方法：观察检查和检查材质合格证明文件。

(2) 水磨石面层拌合的体积比应符合设计要求，或通过试验确定。

检验方法：检查配合比通知单和检测报告。

(3) 面层与下一层结合牢固，无空鼓、裂纹。

检验方法：用小锤轻击检查。

12.7.2 一般项目

(1) 面层表面应光滑；无明显裂纹、砂眼和磨纹；石粒密实，显露均匀；颜色图案一致，不混色；分格条牢固、顺直和清晰。

检验方法：观察检查。

(2) 踢脚线与墙面应紧密结合，高度一致，出墙厚度均匀。

检验方法：用小锤轻击、钢尺和观察检查。

(3) 楼梯踏步的宽度应符合设计要求。楼层梯段相邻踏步高度差不应大于10mm，每踏步两端宽度的允许偏差为5mm。楼梯踏步的齿角应整齐，防滑条应顺直。

检验方法：观察和钢尺检查。

(4) 水磨石面层的允许偏差应符合表12.7.2的规定。

检验方法：按表12.7.2的检验方法进行检验。

水磨石面层的允许偏差和检验方法　（单位：mm）　表12.7.2

项次	项　目	允　许　偏　差		检验方法
		普通水磨石面层	高级水磨石面层	
1	表面平整度	3	2	用2m靠尺和楔形塞尺检查
2	踢脚线上口平直	3	3	拉5m线和用钢尺检查
3	缝格平直	3	2	

12.8 成品保护

12.8.1 推手推车时不许碰撞门口立边和栏杆及墙柱饰面，门框适当要包铁皮保护，以防手推车缘头碰撞门框。

12.8.2 施工时不得碰撞水暖立管等。并保护好地漏、出水口等部位安放的临时堵头，以防灌入浆液杂物造成堵塞。

12.8.3 磨石机应有罩板，以免浆水四溅沾污墙面，施工时污染的墙柱面、门窗框、设备及管线要及时清理干净。

12.8.4 养护期内（一般宜不少于7d），严禁在饰面推手推车，放重物及随意践踏。

12.8.5 磨石浆应有组织排放，及时清运到指定地点，并倒入预先挖好的沉淀坑内，不得流入地漏、下水排污口内，以免造成堵塞。

12.8.6 完成后的面层，严禁在上面推车随意践踏、搅拌浆料、抛掷物件。堆放料具什物时要采取隔离防护措施，以免损伤面层。

12.8.7 在水磨石面层磨光后，涂草酸和上蜡前，其表面不得污染。

12.9 安全环保措施

12.9.1 施工过程产生的污水经过沉淀后有序排放。

12.9.2 施工过程产生的建筑垃圾运至指定地点丢弃。

12.9.3 应采取针对性措施，防止噪声扰民，减少打磨时的噪声对周围环境的影响。

12.10 质量记录

12.10.1 水磨石面层施工技术、安全交底及专项施工方案。

12.10.2 建筑地面工程水磨石面层质量验收检查文件及记录。

(1) 建筑地面工程设计图纸和变更文件等。

(2) 原材料出厂检验报告和质量合格证文件、材料进场检(试)验报告(含抽样报告)。

(3) 各层的强度等级、密实度等试验报告和记录。

(4) 建筑地面工程水磨石面层检验批质量验收记录。

12.10.3 建筑地面工程子分部工程质量验收应检查的安全的功能项。

(1) 即有防水要求的建筑地面子分部工程的分项工程施工质量的蓄水检验记录及抽查复检记录。

(2) 建筑地面板块面层铺设子分部工程的材料证明资料。

13 水泥钢（铁）屑面层施工工艺标准

13.1 总则

13.1.1 适用范围
本工艺标准适用于工业与民用建筑具有较高耐压强度和耐磨性能要求的楼、地面工程，并能承受反复磨擦撞击而不致起灰和破裂。

13.1.2 编制参考标准及规范
(1)《建筑工程施工质量验收统一标准》(GB 50300—2001)
(2)《建筑地面工程施工质量验收规范》(GB 50209—2002)

13.2 术语

13.2.1 建筑地面
建筑物底层地面（地面）和楼层地面（楼面）的总称。

13.2.2 面层
直接承受各种物理和化学作用的建筑地面表面层，本施工工艺标准地面面层为水泥钢铁屑面层。

13.2.3 结合层
面层下的构造层，指水泥砂浆和水泥素浆。

13.2.4 基层
面层下的构造层，包括混凝土、水泥砂浆等基层。

13.3 基本规定

13.3.1 地面采用的材料应按设计要求和规范的规定选用，并应符合国家标准的规定；进场材料应有中文质量证明文件、规格、型号及性能检测报告，水泥、砂等应有复试报告。

13.3.2 地面下的沟槽、暗管等工程完工后，经检验合格并做隐蔽记录，方可进行建筑地面工程的施工。

13.3.3 地面面层铺设前，基层必须清理干净，铺设整体面层时，其水泥类基层的抗压强度不得小于1.2MPa；表面应粗糙、洁净、湿润并不得有积水。铺设前宜涂刷界面处理剂。检验合格后，才能进行结合层和面层的施工。

13.3.4 铺设有坡度的地面时，应采用基层高差达到设计要求的坡度；铺设有坡度的楼面（或架空地面）应采用在钢筋混凝土板上变更填充层（或找平层）铺设的厚度或以结构起坡达到设计要求的坡度。

13.3.5 地面工程各层铺设前与相关专业的分部（子分部）工程、分项工程以及设备管道安装工程之间，应进行交接检验。

13.3.6 当采用掺有水泥拌合料做踢脚线时，不得用石灰砂浆打底。

13.3.7 地面的变形缝应按设计要求设置，并应符合规范规定。

13.3.8 地面镶边时，如设计无要求时，在强烈机械作用下，面层与其他面层交接处，应设置金属镶边构件。

13.3.9 建筑地面工程完工后，应对面层采取保护措施。整体面层施工后，养护时间不少于7d，抗压强度应达到5MPa后，方准上人行走；抗压强度应达到设计要求后，方可正常使用。

13.3.10 主控项目符合设计要求和《建筑地面工程施工质量验收规范》的质量标准，认定为合格；一般项目80%以上的检查点（处）符合规范规定的质量要求，其他检查点（处）不得有明显影响使用，并不得大于允许偏差值的50%为合格。凡达不到质量标准时，应按现行国家标准《建筑工程施工质量验收统一标准》GB 50300—2001 的规定处理。

13.3.11 建筑地面工程完工后，施工质量验收应在建筑施工企业自检合格的基础上，由监理单位组织有关单位对分项工程、子分部工程进行检验。

13.3.12 本标准中未提及的方面，按照现行国家质量验收规范、标准执行。

13.4 施工准备

13.4.1 技术准备

（1）进行图纸会审，复核设计做法是否符合现行国家规范的要求，结构与建筑标高差是否满足各构造层的总厚度及找坡的要求。

（2）做好技术交底，必要时必须编制施工组织设计。

（3）施工人员必须经过培训，并持证上岗。

（4）水泥砂浆结合层、水泥钢（铁）屑面层用料配合比已完成，有配合比通知单。

13.4.2 材料要求

（1）水泥：采用硅酸盐水泥、普通硅酸盐水泥，强度等级不应小于 32.5 级，具备出厂质量检验报告和现场抽样检验报告。

（2）砂子：宜采用中砂，砂含泥量不大于 3%，不得含有杂物。

（3）钢（铁）屑：粒径应为 1～5mm，过大的颗粒和卷状螺旋的应予破碎，小于 1mm 的颗粒应予筛去。

13.4.3 主要机具

搅拌机、手推车、木刮杠、木抹子、铁抹子、劈缝溜子、筛子、喷壶、铁锹、小水桶、长把刷子、扫帚、钢丝刷、粉线包、錾子、锤子。

13.4.4 作业条件

（1）地面的+50cm水平标高线已弹在四周墙上。

（2）墙、顶抹灰已做完。屋面防水做完。

（3）地面（或楼面）的垫层以及预埋在地面内各种管线已做完。

（4）穿过楼面的竖管已安完，管洞已堵塞密实。有地漏房间应找好泛水。

（5）门框和楼地面预埋件、水电设备等均应施工完毕并经检查合格。门框内侧已做好保护，防止手推车碰坏。

（6）办好作业层的结构隐蔽验收手续。

13.5 材料和质量要点

13.5.1 材料的关键要求

水泥材质应符合《硅酸盐水泥、普通硅酸盐水泥》（GB 175—1999）的要求，并严禁混用不同品种、不同强度等级的水泥；水泥使用日期超过生产日期三个月时，要重新取样复试合格后方准使用，严禁使用变质的水泥。钢（铁）屑中不应有其他杂物，使用前必须清除钢（铁）屑上的油脂，并用稀酸溶液除锈，再以清水冲洗后烘干使用。

13.5.2 技术关键要求

水泥钢（铁）屑面层的配合比，应通过试配，以水泥浆能填满钢（铁）屑的空隙为准，其强度等级不低于M40，其密度不应小于2000kg/m³，稠度不大于10mm，必须拌合均匀。

13.5.3 质量关键要求

（1）空鼓、裂缝

1）基层清理要彻底、认真：在抹水泥砂浆之前必须将基层上的粘结物、灰尘、油污彻底处理干净，并认真进行清洗湿润，这是保证面层与基层结合牢固、防止空鼓裂缝的一道关键性工序，如果不仔细认真清除，使面层与基层之间形成一层隔离层，致使上下结合不牢,就会造成面层空鼓裂缝。

2)涂刷水泥浆结合层应符合要求:在已处理洁净的基层上刷一遍水泥浆,目的是要增强面层与基层的粘结力,因此这是一项重要工序,涂刷水泥浆稠度要适宜(一般 0.4~0.5 的水灰比),涂刷时要均匀,不得漏刷,且面积不要过大,砂浆铺多少,水泥浆刷多少。不应采用先涂刷一大片水泥浆,后铺砂浆的做法,以防砂浆铺抹速度较慢,造成已刷的水泥浆已干燥脱水,失去粘结作用,甚至起到隔离作用。

涂刷已拌好的水泥浆必须要用刷子,不能采用干撒水泥面后,再浇水用扫帚来回扫的办法,以免浇水不匀,导致水泥浆干稀不匀,而影响面层与基层的粘结质量。

3)因在预制混凝土楼板上及首层暖气沟盖上做水泥砂浆面层易产生空鼓、裂缝,预制板的横、竖缝必须按结构设计要求用C20细石混凝土填塞振捣、密实。预制楼板安装完之后,上表面标高不能完全平整一致,高差较大,应采用细石混凝土整浇层找平,最薄处不小于25mm。

(2)地面起砂

1)养护时间不够,过早上人

水泥硬化初期,在水中或潮湿环境中养护,能使水泥颗粒充分水化,提高水泥砂浆面层强度。如果在养护时间短,强度很低的情况下,过早上人使用,就会对刚刚硬化的表面层造成损伤和破坏,致使面层起砂、出现麻坑。因此,水泥钢铁屑地面完工后,养护工作的好坏对地面质量的影响很大,必须要重视,当面层抗压强度达 5MPa 时才能上人操作,并避免尖硬物碰划。

2)使用过期、强度不够的水泥、水泥砂浆搅拌不均匀、操作过程中抹压遍数不够等,都会造成起砂现象。

(3)有地漏的房间倒泛水

在铺设面层砂浆时先检查垫层的坡度是否符合要求。设有垫层的地面,在铺设砂浆前抹灰饼和标筋时,按设计要求抹好坡度。

(4) 面层不光、有抹纹

必须认真按操作工艺要求,用铁抹子抹压的遍数去操作,最后在水泥终凝前用力抹压不得漏压,直到将前遍的抹纹压平、压光为止,面层终凝后不得再洒水修整抹纹及麻面。

13.5.4 职业健康安全关键要求

(1) 剔凿地面时,要防止碎屑崩入眼内。

(2) 电动工具使用前,应检查运转情况,合格后方准使用。

(3) 施工立体交叉频繁,进入现场的人员必须戴安全帽,避免作业环境导致物体打击事故。

(4) 用稀酸溶液除锈时,操作人员应加强防护,防止酸液崩溅,伤害身体。

13.5.5 环境关键要求

(1) 材料应堆放整齐,拆除的包装袋等应及时清理,放在指定的地方。

(2) 材料运输过程中,要采取防撒防漏措施,如有撒漏应及时清理。

(3) 现场水泥不得露天堆放,砂等材料要有防尘覆盖措施。

(4) 大风、雨雪天气应停止施工,冬期施工时,温度控制在5℃以上。

13.6 施 工 工 艺

13.6.1 工艺流程

基层处理→找标高、弹线→洒水湿润→抹灰饼和标筋→搅拌水泥钢(铁)屑面层→刷水泥浆结合层→铺水泥钢(铁)屑面层→木抹子搓平→铁抹子压第一遍→第二、第三遍压光→养护

13.6.2 操作工艺

(1) 水泥钢(铁)屑面层构造要求

铺设水泥钢(铁)屑面层时,应先铺一层厚20mm水泥砂浆

结合层，然后按厚度要求铺设水泥钢（铁）屑拌合料面层。

(2) 水泥钢（铁）屑面层材料用量和配合比应符合要求。

(3) 基层处理：先将基层上的灰尘扫掉，用钢丝刷和錾子刷净、剔掉灰浆皮和灰渣层，用10%的火碱水溶液刷掉基层上的油污，并用清水及时将碱液冲净。

(4) 找标高弹线：根据墙上的水准基准线（如：+50cm水平基准线），往下量测出面层标高，并弹在墙上。

(5) 洒水湿润：用喷壶将地面基层均匀洒水一遍。

(6) 抹水泥钢（铁）屑灰饼和标筋（或称冲筋）：根据房间内四周墙上弹的面层标高水平线，确定面层厚度，然后拉水平线开始抹水泥钢（铁）屑灰饼（5cm×5cm），横竖间距为1.5~2.00m，水泥钢（铁）屑灰饼上平面即为地面面层标高。

如果房间较大，为保证整体面层平整度，还须抹标筋（或称冲筋），将水泥钢（铁）屑铺在水泥钢（铁）屑灰饼之间，宽度与水泥钢（铁）屑灰饼宽相同，用木抹子拍抹成与水泥钢（铁）屑灰饼上表面相平一致。

铺抹水泥钢（铁）屑灰饼和标筋的水泥钢（铁）屑材料配合比均与抹地面面层的水泥钢（铁）屑配合比相同。

(7) 搅拌水泥钢（铁）屑拌合料：水泥钢（铁）屑面层的配合比，应通过试配，以水泥浆能填满钢（铁）屑的空隙为准，其强度等级不低于M40，其密度不应小于2000kg/m³，稠度不大于10mm。

为了控制加水量，应使用搅拌机搅拌均匀，颜色一致。

(8) 刷水泥浆结合层：在铺设水泥砂浆之前，应涂刷水泥浆一层，其水灰比为0.4~0.5（涂刷之前要将抹水泥钢（铁）屑灰饼的余灰清扫干净，再洒水湿润），不要涂刷面积过大，随刷随铺面层砂浆。

(9) 铺水泥砂浆结合层：水泥浆刷完后，即铺水泥砂浆结合层，厚度控制在20mm，配合比为水泥：砂子＝1:2，稠度为2.5~3.5cm。

(10) 铺水泥钢（铁）屑面层：水泥砂浆结合层初凝前，铺水泥钢（铁）屑面层，在水泥钢（铁）屑灰饼之间（或标筋之间）将水泥钢（铁）屑铺设均匀，然后用木刮杠按水泥钢（铁）屑灰饼（或标筋）高度刮平。铺水泥钢（铁）屑时，如果水泥钢（铁）屑灰饼（或标筋）已硬化，木刮杠刮平后，同时将利用过的水泥钢（铁）屑灰饼（或标筋）敲掉，并用水泥钢（铁）屑填平。

(11) 木抹子搓平：木刮杠刮平后，立即用木抹子搓平，从内向外退着操作，并随时用2m靠尺检查其平整度。

(12) 铁抹子压第一遍：木抹子抹平后，立即用铁抹子压第一遍，直到出浆为止，如果水泥钢（铁）屑过稀表面有泌水现象时，可均匀撒一遍干水泥和钢（铁）屑（1:1）的拌合料，再用木抹子用力抹压，使干拌料与水泥钢（铁）屑拌合料紧密结合为一体，吸水后用铁抹子压平。如有分格要求的地面，在面层上弹分格线，用劈缝溜子开缝，再用溜子将分缝内压至平、直、光。上述操作均在水泥钢（铁）屑拌合料初凝之前完成。

(13) 第二遍压光：面层水泥钢（铁）屑拌合料初凝后，人踩上去，有脚印但不下陷时，用铁抹子压第二遍，边抹压边把坑凹处填平，要求不漏压，表面压平、压光。有分格的地面压过后，应用溜子溜压，做到缝边光直、缝隙清晰、缝内光滑顺直。

(14) 第三遍压光：在水泥钢（铁）屑拌合料终凝前进行第三遍压光（人踩上去稍有脚印），铁抹子抹上去不再有抹纹时，用铁抹子把第二遍抹压时留下的全部抹纹压平、压实、压光（必须在终凝前完成）。

(15) 施工时，水泥钢（铁）屑面层拌合料应刮平并随铺随振实。抹平工作应在结合层和面层的水泥初凝前完成；压光工作亦应在结合层和面层的水泥终凝前完成。面层要求压密实，表面光滑平整，无铁板印痕。压光时严禁洒水。

(16) 养护：地面压光完工后24h，铺锯末或其他材料覆盖洒水养护，保持湿润，养护时间不少于7d，当抗压强度达5MPa

才能上人。

(17) 冬期施工时，室内温度不得低于5℃。

(18) 抹踢脚板：根据设计图规定墙基体有抹水泥钢（铁）屑面层时，踢脚板的基层砂浆和面层水泥钢（铁）屑分两次抹成。墙基体不抹灰时，踢脚板只抹面层水泥钢（铁）屑。

(19) 踢脚板抹底层水泥砂浆：清洗基层，洒水湿润后，按水准基准线（如+50cm标高线）向下量测踢脚板上口标高，吊垂直线确定踢脚板抹灰厚度，然后拉通线、套方、贴灰饼、抹1:3水泥砂浆，用刮尺刮平、搓平整，扫毛浇水养护。

13.7 质量标准

13.7.1 主控项目

(1) 水泥、砂的材质必须符合设计要求和施工验收规范的规定。

(2) 水泥钢（铁）屑面层拌合料配合比要准确。

(3) 地面面层与基层的结合必须牢固无空鼓。

(4) 水泥强度等级不应小于32.5级；钢（铁）屑的粒径应为1~5mm；钢（铁）屑中不应有其他杂质，使用前应去油除锈，冲洗干净并干燥。

检验方法：观察检查和检查材质合格证明文件及检测报告。

(5) 面层和结合层的强度等级必须符合设计要求，且面层抗压强度不应小于40MPa；结合层体积比为1:2（相应的强度等级不应小于M15）。

检验方法：检查配合比通知单和检测报告。

(6) 面层与下一层结合必须牢固，无空鼓。

检验方法：用小锤轻击检查。

13.7.2 一般项目

(1) 表面洁净，无裂纹、脱皮、麻面和起砂等现象。

检验方法：观察检查。

(2) 地漏和有坡度要求的地面，坡度应符合设计要求，不倒泛水，无积水，不渗漏，与地漏结合处严密平顺。

(3) 面层表面坡度应符合设计要求。

检验方法：用坡度尺检查。

(4) 踢脚线与墙面应结合牢固，高度一致，出墙厚度均匀。

检验方法：用小锤轻击、钢尺和观察检查。

(5) 水泥钢（铁）屑面层的允许偏差项目，见表13.7.2

水泥钢（铁）屑地面面层的允许偏差　　表 13.7.2

项次	项 目	允许偏差（mm）	检 查 方 法
1	表面平整度	4	用2m靠尺和楔形塞尺检查
2	踢脚板上口平直	4	拉5m线和用尺检查
3	分格缝平直	3	

13.8 成品保护

13.8.1 地面操作过程中要注意对其他专业设备的保护，如埋在地面内的管线不得随意移位，地漏内不得堵塞砂浆等。

13.8.2 面层做完之后养护期内严禁进入。

13.8.3 在已完工的地面上进行油漆、电气、暖卫专业工序时，注意不要碰坏面层、油漆、浆活不要污染面层。

13.8.4 冬期施工的水泥钢（铁）屑地面面层操作环境如低于+5℃时，应采取必要的防寒保暖措施，严格防止发生冻害，尤其是早期受冻，会使面层强度降低，造成起砂、裂缝等质量事故。

13.8.5 如果先做水泥钢（铁）屑地面面层，后进行墙面抹灰时，要特别注意对面层进行覆盖，并严禁在面层上拌合砂浆和储存砂浆。

13.8.6 粘污在门口和墙面上的砂浆等应及时清扫干净。

13.8.7 木门口必须装铁护口，防止推灰小车撞坏门口。

13.8.8 地面铺设的水暖立管、电线管等，在抹地面时要保护好，不得碰撞。

13.8.9 对地漏、出水口等部位安装的临时堵口要保护好，以免灌入杂物，造成堵塞。

13.9 安全环保措施

13.9.1 操作人员必须持证上岗，并防止意外伤害。

13.9.2 清理楼地面时，清理出的垃圾、杂物等，不得从窗口、阳台扔出。

13.9.3 在夜间压光地面时，现场照明应符合施工现场安全用电有关规定。

13.9.4 施工时必须做到工完场清，建筑垃圾倾倒至指定地点。

13.10 质量记录

13.10.1 水泥出厂合格证及进场复验报告。

13.10.2 砂子检验报告。

13.10.3 水泥砂浆和水泥钢（铁）屑配合比通知单。

13.10.4 水泥钢（铁）屑地面分项工程检验批质量验收记录。

14 防油渗面层施工工艺标准

14.1 总 则

14.1.1 适用范围

本工艺适用于水泥类基层上有防油渗要求的地面面层施工，包括防油渗混凝土和防油渗涂料。

14.1.2 编制参考标准及规范

(1)《建筑工程施工质量验收统一标准》(GB 50300—2001)

(2)《建筑地面工程施工质量验收规范》(GB 50209—2002)

(3)《建筑地面设计规范》(GB 50037—96)

14.2 术 语

14.2.1 建筑地面

建筑物底层地面（地面）和楼层地面（楼面）的总称。

14.2.2 面层

直接承受各种物理和化学作用的建筑地面表面层，本施工工艺标准地面面层为防油渗面层。

14.2.3 结合层

面层下的构造层，指水泥砂浆和水泥素浆。

14.2.4 基层

面层下的构造层，包括混凝土、水泥砂浆等基层。

14.3 基本规定

14.3.1 本面层施工应待基层施工完毕并经验收合格后进行施工。

14.3.2 防油渗混凝土应在普通混凝土中掺入外加剂或防油渗剂。防油渗混凝土的强度等级不应小于C30，其厚度宜为60～70mm，面层内配置的钢筋应根据设计确定，并应在分区段缝处断开。

防油渗混凝土的抗渗性能应符合设计要求，其抗渗性能检测方法，应符合现行的国家标准《普通混凝土长期性能和耐久性能试验方法》的规定，并以10号机油为介质进行检测。

14.3.3 防油渗混凝土面层按厂房柱网分区段浇筑，区段面积不宜大于50m²。分区段缝的宽度宜为20mm，并上下贯通；缝内应灌注防油渗胶泥材料，亦可采用弹性多功能聚胺酯类涂膜材料嵌缝，并应在缝的上部用膨

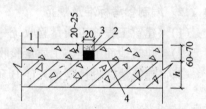

图 14.3.3 防油渗面层分格缝做法
1—防油渗混凝土 2—防油渗胶泥
3—膨胀水泥砂浆 4—按设计做一布二胶

胀水泥砂浆封缝（图14.3.3），封填深度宜为20～25mm。

防油渗胶泥应按产品质量标准和使用说明配置。

14.3.4 防油渗混凝土面层内不得敷设管线，凡露出面层的电线管、接线盒、预埋套管和地脚螺栓等应采用防油渗胶泥或环氧树脂进行处理。与墙、柱、变形缝及孔洞等连接处应做泛水。

14.4 施工准备

14.4.1 技术准备

（1）熟悉图纸，了解工程做法和设计要求，对设计和施工中

存在的矛盾及时解决。

(2) 施工前应当编写施工方案，并向施工队伍做详尽的技术交底。

(3) 各种进场原材料规格、品种、材质等符合设计要求，质量合格证明文件齐全，进场后进行相应验收，需复试的原材料进场后必须进行相应复试检测，合格后方可使用；并有相应施工配比通知单。

14.4.2 材料要求

(1) 水泥宜采用普通硅酸盐水泥，其强度等级应为32.5或42.5级。

(2) 碎石应采用花岗岩或石英石。并符合筛分曲线的碎石（严禁使用松散、多孔和吸水率大的石子），空隙率小于45%，石料坚实，组织细致，吸水率小，，粒径宜为5~15mm，其最大粒径不应大于20mm，含泥量不大于1%。

(3) 砂应为中砂，其细度模数应控制在2.3~2.6，砂石级配空隙率小于35%；且应洁净无杂物、泥块。

(4) 水：一般洁净水。

(5) 外加剂和防油渗剂：采用氢氧化铁或三氯化铁混合剂，应符合产品质量标准。

(6) 防油渗涂料应按设计要求选用，且具有耐油、耐磨、耐火和粘结性能，抗拉强度不应小于0.3MPa。

(7) 防油渗隔离层采用的玻璃纤维布应为无碱网格布；防油渗胶泥（或弹性多功能聚胺酯类涂膜材料）厚度宜为1.5~2.0mm，防油渗胶泥应按产品质量标准和使用说明配置。

(8) 防油渗涂料应按设计要求选用，且具有耐油、耐磨、耐火和粘结性能，抗拉强度不应小于0.3MPa。

14.4.3 主要机具

混凝土搅拌机、平板振捣器、翻斗车、小推车、小水桶、半截桶、扫帚、铁磙子、2m靠尺、刮杠、木抹子、铁抹子、平锹、钢丝刷、锤子、凿子、铜丝锣、橡胶刮板、钢皮刮板、刷子、砂纸、棉纱、抹布。

14.4.4 作业条件

（1）基层已办理完验收手续。

（2）室内墙（柱）面弹好水准基准墨线（如+500mm水平线）。

（3）立完门框，钉好保护铁皮或木板。

（4）安装好水立管并将管洞堵严。

（5）操作面温度不应低于5℃。

（6）分区段缝尺条加工：用红松木加工，上口宽20mm，下口宽15mm，表面用刨子刨光，用水浸泡，使用前取出擦干、刷油。

（7）施工机械准备充足，试运转正常，运输道路畅通，照明设备充足，亮度满足操作的需要。

14.5 材料和质量要点

14.5.1 材料的关键要求

所有材料进场必须有出厂质量证明文件（包括质量合格证明或检验/试验报告、生产许可证、产品合格证等），并要按设计要求和国家现行标准进行复验，外加剂、水泥等材料还要按规定现场抽样进行复试，试验合格后方可使用。

凡使用新材料、新产品应有具有鉴定资格单位的鉴定证书，同时应有其产品的质量标准、使用说明和工艺要求，使用前应按其质量标准进行检验和试验。

符合筛分曲线的碎石（严禁使用松散、多孔和吸水率大的石子），空隙率小于45%，石料坚实，组织细致，吸水率小，粒径宜为5~15mm，其最大粒径不应大于20mm，含泥量不大于1%。

14.5.2 技术关键要求

（1）防油渗混凝土和防油渗胶泥应严格按照设计配比进行试

配后确定，采用重量比。

(2) 防油渗混凝土采用机械搅拌，充分搅拌均匀，搅拌时间 2.5~3min。

(3) 面层（或隔离层）施工时，基层一定要清理干净，隔离层施工时，基层应保持干燥。

(4) 防油渗涂料面层施工时应严格控制涂刷（喷涂）遍数及每遍的厚度和间隔时间。

(5) 分区段缝应严格按规定设置，并上下贯通。

14.6 施 工 工 艺

14.6.1 工艺流程

(1) 无隔离层，面层为防油渗混凝土。

基层清理 → 安放分区段缝尺条 → 洒水湿润 → 做灰饼 → 刷结合层 → 浇筑混凝土 → 养护 → 拆分区段缝尺条 → 封堵分区段缝

(2) 无隔离层，面层为防油渗涂料。

基层清理 → 打底 → 主涂层施工 → 罩面 → 打蜡养护

(3) 有隔离层，面层为防油渗混凝土。

基层清理 → 刷防油渗涂料底子油 → 涂抹第一遍防油渗胶泥 → 铺玻璃纤维布 → 涂抹第二遍防油渗胶泥 → 安放分区段缝尺条 → 做灰饼 → 刷结合层 → 浇筑混凝土 → 养护 → 拆分区段缝尺条 → 封堵分区段缝

(4) 有隔离层，面层为防油渗涂料。

基层清理 → 刷防油渗涂料底子油 → 涂抹第一遍防油渗胶泥 → 铺玻璃纤维布 → 涂抹第二遍防油渗胶泥 → 打底 → 主涂层施工 → 罩面 → 打蜡养护

14.6.2 操作工艺

(1) 基层清理

用剁斧将基层表面灰浆清掉，墙根、柱根处灰浆用凿子和扁铲清理干净，用扫帚将浮灰扫成堆，装袋清走，如表面有油污，应用5%～10%浓度的火碱溶液清洗干净。

若在基层上直接铺设隔离层或防油渗涂料面层，基层含水率不应大于9%。

(2) 安放分区段缝尺条

若房间较大，防油渗混凝土面层按厂房柱网分区段浇筑，一般将分区段缝设置在柱中或跨中，有规律布置，且区段面积不宜大于$50m^2$。

在分区段缝两端柱子上弹出轴线和上口标高线，并拉通线，严格控制分区段缝尺条的轴线位置和标高（和混凝土面层相平或略低），用1:1水泥砂浆稳固。

分区段缝尺条应提前两天安装，确保稳固砂浆有一定强度。

(3) 洒水湿润

若在基层上直接浇灌防油渗混凝土，应提前一天对基层表面进行洒水湿润，但不得有积水。

(4) 做灰饼

根据地面标高和室内水准基准线（如：+500mm线）用细石混凝土做出灰饼，间距不大于1.5m。

(5) 刷结合层

1) 若在基层上直接浇灌防油渗混凝土，应先在已湿润过的基层表面满涂一遍防油渗水泥浆结合层，并应随刷随浇筑防油渗混凝土。

2) 防油渗水泥浆应按照设计要求或产品说明配置。

(6) 浇筑混凝土

1) 防油渗混凝土一般现场搅拌，应设专人负责，严格按照配合比要求上料，根据现场砂石料含水率对加水量进行调整，严格控制坍落度，不宜大于10mm，且应搅拌均匀（搅拌时间比普通混凝土应延长,一般延长2~3min)。

2）若混凝土运输距离较长,运至现场后有离析现象,应再拌合均匀。

3）用铁锹将细石混凝土铺开,用长刮杠刮平,用平板振捣器振捣密实,表面塌陷处应用细石混凝土铺平,拉标高线检查标高,再用长刮杠刮平,用滚筒二次碾压,再用长刮杠刮平,铲除灰饼,补平面层,然后用木抹子搓平。

4）第一遍压面

表面收水后,用铁抹子轻轻抹压面层,把脚印压平。

5）第二遍压面

当面层开始凝结,地面面层踩上有脚印但不下陷时,用2m靠尺检查表面平整度,用木抹子搓平,达到要求后,用铁抹子压面,将面层上的凹坑、砂眼和脚印压平。

6）第三遍压面

当地面面层上人稍有脚印,而抹压不出现抹子纹时,用铁抹子进行第三遍抹压。此遍抹压要用力稍大,将抹子纹抹平压光,压光时间应控制在终凝前完成。

(7) 养护

第三遍完成24h后,及时洒水养护,以后每天洒水两次,（亦可覆盖麻袋片等养护,保持湿润即可）至少连续养护14d,当混凝土实际强度达到$50N/mm^2$时允许上人,混凝土强度达到设计要求时允许正常使用。

(8) 拆分区段缝尺条

养护7d后停止洒水,待分区段缝尺条和地面干燥收缩相互脱开后,小心将分区段缝尺条启出,注意不要将混凝土边角损坏。

(9) 封堵分区段缝

1）区段缝上口20~25mm以下的缝内灌注防油渗胶泥材料,亦可采用弹性多功能聚胺酯类涂膜材料嵌缝。

2）按设计要求或产品说明配制膨胀水泥砂浆,用膨胀水泥砂浆封缝将分区段缝填平（或略低于上口）。

3）分区段缝应注意尽量不要污染地面，若有污染现象应及时清理干净。

(10) 刷底子油

若在基层上直接铺设隔离层或防油渗涂料面层及在隔离层上面铺设防油渗面层（包括防油渗混凝土和防油渗涂料），均应涂刷一遍同类底子油，底子油应按设计要求或产品说明进行配制。

(11) 隔离层施工

1）刷底子油

若在基层上直接铺设隔离层应涂刷一遍同类底子油，底子油应按设计要求或产品说明进行配制。

2）涂抹第一遍防油渗胶泥

在涂刷过底子油的基层上将加温的防油渗胶泥均匀涂抹一遍，其厚度宜为1.5~2.0mm，注意墙、柱连接处和出地面立管根部应涂刷，卷起高度不得小于50mm。

3）铺玻璃纤维布

涂抹完第一遍防油渗胶泥后应随即将玻璃纤维布粘贴覆盖，其搭接宽度不得小于100mm，墙、柱连接处和出地面立管根部应向上翻边，其高度不得小于30mm。

4）涂抹第二遍防油渗胶泥

在铺好的玻璃纤维布上将加温的防油渗胶泥均匀涂抹一遍，其厚度宜为1.5~2.0mm。

5）防油渗隔离层施工完成后，经检查合格方可进行下一道工序的施工。

(12) 防油渗涂料面层施工

1）打底

防油渗涂料面层施工时应先用稀释胶粘剂或水泥胶粘剂腻子涂刷基层（刮涂）1~3遍，干燥后打磨并清除粉尘。

2）主涂层施工

按设计要求或产品说明涂刷防油渗涂料至少3遍，涂层厚度宜为5~7mm，每遍的间隔时间宜通过试验确定。

3）罩面

按产品说明满涂刷 1~2 遍面层涂料。

4）打蜡养护

面层涂料干燥后，如不是交通要道或由于安装工艺的特殊要求未完的房间外即可涂擦地板蜡，交通要道或工艺未完的房间应先用塑料布满铺后用 3mm 以上的橡胶板或硬纸板盖上，待其全部工序完后再清擦打蜡交活。

14.7 质量标准

14.7.1 主控项目

（1）面层的材质、颜色、厚度、强度（配合比）、抗渗性能必须符合设计要求和施工规范规定。

（2）面层与基层的结合，必须牢固、无空鼓。

（3）表面密实光洁，无裂纹、脱皮、麻面和起砂等缺陷，防油渗涂料颜色应一致，不得有漏刷和透底现象。

（4）地漏和带有坡度的面层，坡度应符合设计要求，不倒泛水，无渗漏，无积水，地漏与管道结合处应严密平顺。

14.7.2 一般项目

防油渗面层允许偏差项目见表 14.7.2。

防油渗面层允许偏差和检验方法　　表 14.7.2

项次	项 目	允许偏差（mm）	检 验 方 法
1	表面平整度	3	用 2m 靠尺和楔形塞尺检查
2	踢脚线上口平直	4	拉 5m 线，不足 5m 拉通线和尺量检查
3	缝格平直	3	

14.8 成品保护

14.8.1 防油渗混凝土施工时运料小车不得碰撞门口及墙面等处。

14.8.2 地漏、出水口等部位安放的临时堵头要保护好,以防灌入杂物,造成堵塞。

14.8.3 不得在已做好的地面上拌合砂浆杂物。

14.8.4 地面养护期间不准上人,其他工种不得进入操作,养护期后也要注意成品保护。

14.8.5 其他工种进行施工时,已做好的地面应适当进行覆盖,以免污染地面。

14.8.6 交通要道或工艺未完的房间应先用塑料布满铺后用3mm以上的橡胶板或硬纸板盖上,待其全部工序完后再清擦打蜡交活。

14.8.7 封堵分区段缝应注意尽量不要污染地面,若有污染现象应及时清理干净。

14.9 安全环保措施

14.9.1 机械操作及临电线路铺设必须由专业人员进行。

14.9.2 基层清理和搬运水泥时要戴好防护用品,防止粉尘吸入体内。

14.9.3 熬制防油渗胶泥时严格执行动火制度,以防火灾发生,并注意不要发生烫伤。

14.9.4 各种化学制品要有专人管理,并用容器单独存放,以免挥发或发生中毒、烧伤和火灾、爆炸事故。

14.9.5 水泥要入库存放,砂子要覆盖,基层清理要适当洒水,防止扬尘。

14.9.6 施工剩余废料,尤其是化学制品要妥善处理,以免污染环境。

14.10 质量记录

14.10.1 水泥出厂检验报告,现场抽样检验报告。

14.10.2 砂子现场抽样检验报告。
14.10.3 石子现场抽样检验报告。
14.10.4 外加剂出厂质量证明书，现场抽样检验报告。
14.10.5 防油渗胶泥和防油渗涂料出厂质量证明书。
14.10.6 玻璃纤维布出厂质量证明书，现场抽样检验报告。
14.10.7 混凝土配合比通知单。
14.10.8 混凝土抗压强度试验报告。
14.10.9 混凝土抗渗试验报告。
14.10.10 防油渗整体地面面层工程检验批质量验收记录。

15 不发火（防爆的）面层施工工艺标准

15.1 总则

15.1.1 适用范围

本工艺标准是用于防火、防爆、防尘、耐磨的工业建筑不发火（防爆的，下同）面层工程的施工。

15.1.2 编制参考标准及规范

(1)《建筑工程施工质量验收统一标准》(GB 50300—2001)

(2)《建筑地面工程施工质量验收规范》(GB 50209—2002)

15.2 术语

15.2.1 建筑地面

建筑物底层地面（地面）和楼层地面（楼面）的总称。

15.2.2 面层

直接承受各种物理和化学作用的建筑地面表面层。

15.2.3 结合层

面层与下一构造层相联结的中间层。结合层也可作为面层的弹性基层。

15.2.4 基层

面层下的构造层，包括填充层、隔离层、找平层、垫层和基土等。

15.2.5 找平层

在垫层、楼板上或填充层（轻质、松散材料）上起整平、找坡或加强作用的构造层。

15.3 基本规定

15.3.1 在不发火地面工程施工时，应建立质量管理体系并严格参照本施工技术标准。

15.3.2 建筑地面工程采用的材料应按设计要求和《建筑地面工程施工质量验收规范》（GB 50209—2002）的规定选用，并应符合国家标准的规定；进场材料应有中文质量合格证明文件、规格、型号及性能检测报告，对水泥、砂、石及外加剂等材料应有现场抽样检验报告。

15.3.3 不发火地面下的沟槽、暗管等工程完工后，经检验合格并做隐蔽记录，方可进行建筑地面工程的施工。

15.3.4 不发火地面面层的铺设，均应待其下一层检验合格后方可施工。不发火地面面层铺设前与相关专业的分部（子分部）工程、分项工程以及设备管道安装工程之间，应进行交接检验。

15.3.5 不发火地面工程施工时，环境温度的控制不应低于5℃。

15.3.6 不发火地面的变形缝应按设计要求设置，并应符合下列规定：

（1）不发火地面的沉降缝、伸缩缝和防震缝，应与结构相应缝的位置一致，且应贯通地面的各构造层；

（2）沉降缝和防震缝的宽度应符合设计要求，缝内清理干净，以柔性密封材料填嵌后用板封盖，并应与面层齐平。

15.3.7 检验水泥混凝土和水泥砂浆强度试块的组数，按每一层（或检验批）建筑地面工程不应小于1组。当每一层（或检验批）建筑地面工程面积大于1000m^2时，每增加1000m^2应增做1组试块；小于1000m^2按1000m^2计算。当改变配合比时，亦应相应地制作试块组数。

15.3.8 不发火面层的铺设宜在室内装饰工程基本完工后进行。

15.3.9 不发火地面工程施工质量的检验，应符合下列规定：

（1）不发火地面工程的施工质量验收应按每一层次或每层施工段（或变形缝）作为检验批。

（2）每检验批应按自然间（或标准间）检验，抽查数量应随机检验不应少于3间；不足3间，应全数检查；其中走廊（过道）应以10延长米为1间，工业厂房（按单跨计）、礼堂、门厅应以两个轴线为1间计算。

（3）有防水要求的不发火地面工程施工质量每检验批抽查数量应按其房间总数随机检验不应少于4间，不足4间，应全数检查。

15.3.10 不发火地面工程施工质量检验的主控项目，必须达到本标准规定的质量标准，认定为合格；一般项目80%以上的检查点（处）符合规范规定的质量要求，其他检查点（处）不得有明显影响使用，并不得大于允许偏差值的50%为合格。凡达不到质量标准时，应按现行国家标准《建筑工程施工质量验收统一标准》（GB 50300—2001）的规定处理。

15.3.11 建筑地面工程完工前、后，检验批及分项工程应由监理工程师（建设单位项目技术负责人）组织施工单位项目专业质量（技术）负责人等进行验收。

15.4 施工准备

15.4.1 技术准备

（1）进行图纸会审，复核设计做法是否符合现行国家规范的要求。

（2）对于设计所选用标准图等的做法如与本标准做法差别较大，不易保证质量时，应与设计单位协商，尽量采用本标准的做法。

（3）施工前应有施工方案，并先做样板间，再经过详细的技术交底，方可大面积施工。

15.4.2 材料准备

(1) 水泥

采用普通硅酸盐水泥，其强度等级不低于32.5级。

(2) 砂

应质地坚硬，多棱角，表面粗糙并有颗粒级配，粒径为0.15~5mm，含泥量不大于3%，有机物含量不大于0.5%。

(3) 碎石

应选用大理石，白云石或其他不发火性的石料加工而成，并以金属或石料撞击时不发生火花为合格。粒径5~20mm，含泥量小于1%，不含杂质。

(4) 嵌条

采用不发生火花的材料制成。

15.4.3 主要机具

(1) 机械设备

混凝土搅拌机、机动翻斗车等。

(2) 主要工具

大小平锹，铁辊筒、电镘、小白线、木抹子、铁抹子、木刮杠、水平尺、磅秤，手推胶轮车等。

15.4.4 作业条件

(1) 混凝土基层（垫层）已按设计要求施工完，混凝土强度达到5.0MPa以上。

(2) 厂房内抹灰、门窗框、预埋件及各种管道、地漏等已安装完毕，经检查合格，地漏口已遮盖，并办理预检手续。

(3) 已在墙面或结构面弹出或设置控制面层标高和排水坡度的水平基准线或标志；分格线已按要求设置，地漏处已找好泛水及标高。

(4) 地面已做好防水层并有防雨措施。

(5) 面层材料已进场，并经检查处理，符合质量要求，试验室根据现场材料，通过试验，已确定配合比。

15.5 材料和质量要点

15.5.1 材料的关键要求

(1) 水泥

1) 水泥进场后按同品种、同强度等级取样。袋装水泥和散装水泥应分别进行编号和取样。每一编号为一取样单位。袋装水泥每200t为一个取样批,不足200t按一批计;散装水泥每500t为一个检验批,不足500t按一批计。

2) 水泥质量有怀疑或水泥出厂日期超过三个月时应在使用前作复验。

3) 为了防止水泥受潮,现场仓库应尽量密闭,保管水泥的仓库屋顶、外墙不得漏水或渗水。袋装水泥地面垫板应离地300mm,四周离墙300mm,堆放高度一般不超过10袋。存放散装水泥时,地面要抹水泥砂浆并且有防水、防潮、防尘措施。

4) 水泥要分类保管,入库的水泥应按不同品种、不同强度、不同出厂日期分别堆放和保管,不得混杂,并防止混掺使用。

(2) 砂、石等应进行现场抽样检验,除常规检验项目外,必须对材料进行不发火试验,合格后方准使用。

15.5.2 技术关键要求

(1) 严格验收制度,不发火(防爆的)面层采用的石料和硬化后的试件,均应在金刚砂轮上作磨擦试验,在试验中没有发现任何瞬间的火花,即认为合格。试验时应符合《建筑地面工程施工质量验收规范》(GB 50209—2002)中附录A种的规定。

(2) 不发火各类面层的铺设,应符合本部分中其他相应章节面层的规定。

(3) 面层压光时,如混凝土过稠,不得随意加水;如混凝土过稀,不得掺加干水泥面,但可分别掺加同配合比较稀或较稠混凝土调拌后压光，以免降低面层强度或造成表面起皮。

15.5.3 质量关键要求

（1）不发火（防爆的）面层应采用水泥类的拌合料铺设，其厚度应符合设计要求。

（2）不发火面层的质量关键要求尚应符合其他相应章节面层的规定。

（3）原材料加工和配制时，应注意随时检查材质，不得混入金属细粒或其他易发生火花的杂质。

（4）施工所用的材料应在试验合格后使用，中间不得更换材料和配合比，以免造成面层色差和出现质量问题。

（5）面层施工时温度不应低于5℃，否则应按冬期施工要求采取保温、防冻措施。

15.5.4 职业健康安全关键要求

职业健康安全的关键要求主要是施工机械的安全使用、操作人员的安全防护等内容。

15.5.5 环境关键要求

环境的关键要求主要是对工程废水、大气污染、噪声污染、固体废弃物等方面的控制。

15.6 施 工 工 艺

15.6.1 工艺流程

基层处理 → 拌制 → 打底灰 → 面层铺设 → 养护

15.6.2 操作工艺

（1）混凝土配制

1）严格验收制度，所用不发火面层的原材料，经附录A中的实验方法试验合格后方可使用。

2）不发火混凝土面层强度等级一般为C20，施工参考配合比为：水泥:砂:碎石:水＝1:1.74:2.83:0.58（重量比）。所用材料严格计量，用机械搅拌，投料程序为：碎石→水泥→砂→水。要求搅拌均匀，混凝土灰浆颜色一致，搅拌时间不少于90s，配制好的拌合物在2h内用完。

(2) 清理基层

1) 施工前应将基层表面的泥土、灰浆皮、灰渣及杂物清理干净，油污渍迹清洗掉，铺抹打底灰前1d，将基层浇水湿润，但无积水。

2) 先用铲刀和扫帚等工具将基层的突起物，硬块和疙瘩等铲除，并将尘土清扫干净，保证基层与面层结合牢固。

(3) 打底灰

当为水泥砂浆不发火地面时，应按常规方法先做找平层，具体施工方法详见"水泥砂浆找平层做法"。如基层表面平整，亦可不抹找平层，直接在基层上铺设面层。

(4) 配合比计量一定要准确，拌合物必须搅拌均匀才能使用。

(5) 铺设面层

1) 不发火（防爆的）各类面层的铺设，应符合本章中相应面层的施工操作要点，如贴灰饼、冲筋等。

2) 铺时预先用木板隔成宽不大于3m的区段，先在已湿润的基层表面均匀地抹扫一道素水泥浆，随即分仓顺序摊铺，随铺随用长木杠刮平。紧接着用铁辊筒纵横交错来回滚压3~5遍至表面出浆，用木抹拍实搓平，然后用铁抹子压光。待收水后再压光2~3遍，至抹纹压痕抹平压光为止。

3) 试块的留置除满足本标准相关的要求外，尚应留置一组用于检验面层不发火性的试件。

(6) 养护

最后一遍压光后根据气温（常温情况下24h），可洒水养护，时间不少于7d，养护期间不允许上人走动和堆放物品。

15.7 质量标准

15.7.1 主控项目

(1) 不发火（防爆的）面层采用的碎石应选用大理石、白云石或其他石料加工而成，并以金属或石料撞击时不发生火花为合格；砂应质地坚硬、表面粗糙，其粒径宜为 0.15～5mm，含泥量不应大于 3%，有机物含量不应大于 0.5%；水泥应采用普通硅酸盐水泥，其强度等级不应小于 32.5 级；面层分格的嵌条应采用不发生火花的材料配制。配制时应随时检查，不得混入金属或其他易发生火花的杂质。

检验方法：观察检查和检查材质合格证明文件及检测报告。

(2) 不发火（防爆的）面层的强度等级应符合设计要求。

检验方法：检查配合比通知单和检测报告。

(3) 面层与下一层应结合牢固，无空鼓、无裂纹。

检验方法：用小锤轻击检查。

注：空鼓面积不应大于 $400cm^2$，且每自然间（标准间）不多于 2 处可不计。

(4) 不发火（防爆的）面层的试件，必须检验合格。

检验方法：检查检测报告。

15.7.2 一般项目

(1) 面层表面密实光滑，无裂缝、脱皮、蜂窝、麻面等缺陷。

检查方法：观察检查。

(2) 踢脚线与墙面应紧密结合、高度一致、出墙厚度均匀。

检验方法：用小锤轻击、钢尺和观察检查。

(3) 不发火（防爆的）面层的允许偏差和检验方法应符合表 15.7.2 的规定：

不发火（防爆的）面层的允许偏差和检验方法　表 15.7.2

项次	项　目	允许偏差（mm）	检　验　方　法
1	表面平整度	4	用 2m 靠尺和楔形塞尺检查
2	踢脚板上口平直	4	拉 5m 线和用钢尺检查
3	分格缝平直	3	

15.8　成品保护

15.8.1　面层施工防止碰撞损坏门框、管线、预埋铁件、墙角及已完的墙面抹灰等。

15.8.2　施工时注意保护好管线、设备等的位置，防止变形、位移。

15.8.3　操作时注意保护好地漏、出水口等部位，作临时堵口或覆盖，以免灌入砂浆等造成堵塞。

15.8.4　事先埋设好预埋件，已完地面不准再剔凿孔洞。

15.8.5　面层养护期间（一般宜不少于 7 天），严禁车辆行走或堆压重物。

15.8.6　不得在已做好的面层上拌合砂浆、混凝土以及调配涂料等。

15.9　安全环保措施

15.9.1　现场用电应符合现场安全用电规定。

15.9.2　电动机操作人员，必须戴绝缘手套和穿绝缘鞋，防止漏电伤人。

15.9.3　工程废水的控制：砂浆机清洗废水应设沉淀池，排到室外管网。

15.9.4　施工现场垃圾应分拣分放并及时清运，由专人负责用毡布密封，并洒水降尘。水泥等易飞扬的粉状物应防止遗洒，使用时轻铲轻倒,防止飞扬。沙子使用时,应先用水喷洒,防止粉尘的产生。

15.9.5 定期对噪声进行测量,并注明测量时间、地点、方法。做好噪声测量记录,以验证噪声排放是否符合要求,超标时及时采取措施。

15.9.6 固体废弃物

(1) 废料应按"可利用"、"不可利用"、"有毒害"等进行标识。可利用的垃圾分类存放,不可利用垃圾存放在垃圾场,及时通知运走,有毒害的物品,如胶粘剂等应用桶存放。

(2) 废料在施工现场装卸运输时,应用水喷洒,卸到堆放地后及时覆盖或用水喷洒。

(3) 机械保养,应防止机油泄漏,污染地面。

15.10 质量记录

15.10.1 水泥出厂质量检验报告和现场抽样检验报告。

15.10.2 砂、石现场抽样检验报告。

15.10.3 石子不发火试验报告。

15.10.4 不发火地面面层分项工程检验批施工质量验收记录。

16 涂料地面面层施工工艺标准

16.1 总 则

16.1.1 适用范围

本工艺标准适用于聚氨酯彩色地面及浴室、盥洗室等有防水要求的地面。

16.1.2 编制参考标准及规范

(1)《建筑工程施工质量验收统一标准》(GB 50300—2001)

(2)《建筑地面工程施工质量验收规范》(GB 50209—2002)

(3)《建筑地面设计规范》(GB 50037—96)

(4)《民用建筑工程室内环境污染控制规范》(GB 50325—2001)

16.2 术 语

16.2.1 建筑地面

建筑物底层地面(地面)和楼层地面(楼面)的总称。

16.2.2 面层

直接承受各种物理和化学作用的建筑地面表面层。

16.2.3 结合层

面层与下一构造层相联结的中间层。结合层也可作为面层的弹性基层。

16.2.4 基层

面层下的构造层,包括填充层、隔离层、找平层、垫层和基土等。

16.2.5 找平层

在垫层、楼板上或填充层（轻质、松散材料）上起整平、找坡或加强作用的构造层。

16.3 基本规定

16.3.1 建筑地面工程采用的材料应按设计要求和《建筑地面工程施工质量验收规范》（GB 50209—2002）的规定选用，并符合国家相关材料标准的规定。

16.3.2 进场材料应有中文质量合格证明文件及相关质量检测报告，规格、型号符合设计要求，具有防水等特殊要求的材料应复试合格。

16.3.3 厕浴间、厨房、机房等有排水（或其他液体）要求的建筑地面层与相连接的各类面层的标高差应符合设计要求。

16.3.4 有刻花或图案要求的地面，必须按照设计要求进行刻花或图案。

16.3.5 采用颜料配兑的面层，应确保同一房间的面层材料按比例一次配兑、拌匀，避免造成色差。

16.4 施工准备

16.4.1 技术准备

（1）审查设计说明、施工图纸，制定详细的施工方案，并进行技术交底。

（2）根据现场材料，通过试配，确定施工配合比。

（3）检查材料的产品合格证书、检测报告、进场验收记录，并确认合格。

（4）在管沟与垫层交接处增加钢板网一道，每边宽 300mm。

16.4.2 材料要求

（1）建筑胶：密度 $1.03 \sim 1.05 t/m^3$，固体含量 $9\% \sim 10\%$，

pH值7~8，无悬浮、沉淀物，储存在密闭容器内备用。

(2) 水泥：强度等级为32.5级硅酸盐水泥或普通硅酸盐水泥。

(3) 颜料：用氧化铁系颜料，细度通过0.208mm筛孔，颜色按设计要求确定，一般用氧化铁红、氧化铁黄、氧化铁绿或两种进行调配，含水率不大于2%。面层使用颜料应注意严格控制同一部位采用同一厂、同一批的质量合格颜料，并设专人配料、计量，水泥和颜料应拌合均匀，使其色泽一致，以防止面层颜色深浅不一、褪色、失光等疵病。

(4) 粉料：耐酸率不应小于95%，含水率不应大于0.5%，细度要求通过0.15mm筛孔筛余量不应小于5%。

(5) 蜡：使用地板蜡。

16.4.3　主要机具

(1) 机械设备：磨光机、搅拌器

(2) 主要工具：量筒、台秤、半截大桶、小油桶、铜丝锣、铁抹子、橡皮刮板、钢皮刮板、笤帚、砂纸、棉丝、抹布等

16.4.4　作业条件

(1) 水泥砂浆面层已按设计要求施工完毕，经检查合格并办理验收手续。

(2) 基层表面应平整坚实、洁净、干燥，并不得空鼓、起砂，无开裂、无油渍，含水率不大于9%，平整度不大于2mm。

(3) 面层涂抹时，室内气温应在10℃以上，以保证正常硬化。

(4) 涂料、水泥、建筑胶、填加料、颜料等材料已备齐，并符合有关质量标准要求。

16.5　材料和质量要点

16.5.1　材料的关键要求

(1) 所有材料进场必须有出厂合格证、检测报告等质量证明

文件，并要按设计要求和国家现行标准进行复试，水泥、彩色聚氨酯涂料还要按规定现场抽样进行复试，合格后方可使用。

（2）水泥：禁止使用变质水泥，水泥保质期超过3个月时，经复试合格。

（3）建筑胶：应无悬浮、沉淀物。

（4）使用颜料应注意严格控制同一部位采用同一厂、同一批的质量合格颜料，并设专人配料、计量，水泥和颜料应拌合均匀，使其色泽一致，以防止面层颜色深浅不一、褪色、失光等疵病。

16.5.2　技术关键要求

（1）聚氨酯彩色地面

1）第一遍主涂层配合比：聚氨酯甲料∶固化剂∶稀释剂＝1∶1.5∶0.75（重量比）。

2）第二遍主涂层配合比：聚氨酯甲料∶固化剂＝1∶0.03（重量比）色浆适量。

3）聚氨酯罩面层配合比：聚氨酯甲料∶固化剂＝1∶0.05（重量比）

（2）过氯乙烯涂料地面

1）基层修补第一遍腻子配合比：过氯乙烯涂料∶石英粉∶水＝100∶80∶12～20。

2）基层修补第二遍腻子配合比：过氯乙烯涂料∶石膏粉＝80～100∶100。

16.5.3　质量关键要求

（1）地面暗管铺设时应以细石混凝土满包卧牢。

（2）聚氨酯彩色地面所有竖管及地面与墙面转角处均刷聚氨酯150mm高。

16.5.4　职业健康安全关键要求

（1）有毒、易燃、易爆物品存放，应做好相应标识。

（2）施工时应戴好手套、口罩等防护用品，并注意保持通风良好。

(3) 油漆存放仓库、施工作业面禁止出现明火，防止火灾事故发生。

(4) 配置树脂类材料应避免使用丙酮、甲苯等毒性溶剂洗手。

(5) 配置不饱和聚酯树脂胶料时，应严禁引发剂与促进剂直接接触，以防爆炸。

16.5.5 环境关键要求

(1) 油漆类物资应设专用仓库密封存放，并保持通风良好。

(2) 施工过程中的剩余油漆应密封存放，以免造成环境污染。

(3) 废油桶、废油刷、废棉纱等物品，应单独存放处理，以免污染周围环境。

16.6 施工工艺

16.6.1 工艺流程

基层清理 → 基层修补 → 配置涂料 → 地面分格 → 刷主涂层 → 刷罩面层 → 磨平磨光 → 打蜡养护

16.6.2 操作工艺

(1) 基层清理：基层残留的砂浆、浮灰、油渍应洗刷干净，晾干后方可进行施工。

(2) 基层修补：表面如有凹凸不平、裂缝、起砂等缺陷，应提前 2~3d 用聚合物水泥砂浆修补。打底时用稀释胶粘剂或水泥胶粘剂腻子涂刷（刮涂）1~3 遍，干燥后，用 0 号砂纸打磨平整光滑，清除粉尘。基层晾干，含水率不应大于 9%。

(3) 配置涂料：根据设计要求颜色，将涂料、颜料、填料、稀释剂按照一定比例搅拌均匀。

(4) 地面分格：按照设计要求或按计划施工的顺序在地面上

弹出分格线，按分格线进行施工（适用于凝固较快的涂料施工）。

（5）刷主涂层：将搅拌好的涂料倒入小桶中，用小桶往擦干净的地面上徐徐倾倒，一边倒一边用橡皮刮板刮平，然后用铁抹子抹光。施工顺序为由房间的里面往外涂刷，满涂刷1~3遍，厚度宜控制在0.8~1.0mm。涂刷方向、距离长短应一致，勤沾短刷。如所用涂料干燥较快时应缩短刷距，在前一遍涂料表面干后方可刷下一遍，每遍的间隔时间，一般为2~4h，或通过试验确定（如地面有刻花或图案要求，在主涂层打磨后可做刻花、图案处理）。

（6）刷罩面层：待主涂层干后即可满涂刷1~2遍罩面涂料（环氧树脂地面采用环氧树脂清漆罩面，过氯乙烯涂料地面采用过氯乙烯涂料罩面，彩色聚氨酯地面采用彩色聚氨酯涂料罩面）。

（7）磨平磨光：涂料刮完后，隔一天用0号砂纸或油石把所有涂料普遍磨一遍，使地面磨平磨光（适用于彩色水泥自流平涂料地面）。

（8）打蜡养护：罩面涂料干燥后，将掺有颜料和溶剂的地板蜡用棉丝均匀涂抹在面层上，然后用抛光机进行抛光处理。

16.7 质量标准

16.7.1 保证项目：

（1）所用材料的品种、牌号及配合比，必须符合设计要求、有关标准及产品说明的规定。

（2）涂料颜色必须符合设计要求和施工验收规范的规定，花饰图案清晰。

（3）涂层与基层的结合必须牢固，无脱层。

16.7.2 基本项目：

（1）面层平整、清洁、光亮；薄厚均匀，不能有刮痕和漏磨等质量缺陷。

（2）涂层应粘结牢固，不得有露底、起鼓、开裂等现象。

(3) 涂料搅拌应均匀,不应有颜料的颗粒。接茬处理均匀,不留痕迹。

(4) 油漆涂料地面面层的允许偏差和检验方法见表16.7.2

涂料地面面层的允许偏差和检验方法　　表16.7.2

序号	项目	允许偏差(mm)	检验方法
1	表面平整度	2	2m靠尺、楔形塞尺检查。
2	缝隙平直	3	拉5m通线,不足5m拉通线用钢尺检查。

16.8 成品保护

(1) 油漆涂料地面面层施工完毕后,养护不少于7d,不准上人,不准污染。

(2) 面层施工时,不得污染其他已完成的成品和设备。

(3) 面层要随时保持清洁,涂刷时不准溅上水点、油污。

16.9 安全环保措施

(1) 施工作业场地严禁存放易燃品,场地周围不准进行焊接或明火作业,现场严禁吸烟。

(2) 存放油漆涂料及溶剂的仓库和施工现场,必须备有足够消防灭火器材。

(3) 从事油漆涂料、强噪声等施工的操作人员,应佩戴必须的劳动防护用品。

(4) 在容器或密闭的地沟内作业,应有良好的通风设施,并有专人负责内外、上下的联系。施工用电应符合安全用电有关规定。

(5) 对施工所用材料有过敏反应者,不得参加施工;在操作中如皮肤出现红色斑点或瘙痒、头晕、恶心、呕吐等情况,应立即离开作业现场。

(6) 水泥、粉料等应封闭存放,并应有防雨、防潮措施;基层处理应适量洒水降尘。

清理基层时,不得从窗口、洞口向外乱扔杂物,以免伤人。

16.10 质量记录

16.10.1 涂料出厂质量证明文件。
16.10.2 地面工程涂料面层检验批质量验收记录。
16.10.3 技术交底记录。

17 砖面层施工工艺标准

17.1 总则

17.1.1 适用范围
本工艺标准适用于一般工业与民用建筑地面工程砖面层的施工。

17.1.2 编制参考标准及规范
(1)《建筑工程施工质量验收统一标准》(GB 50300—2001)
(2)《建筑地面工程施工质量验收规范》(GB 50209—2002)
(3)《民用建筑工程室内环境污染控制规范》(GB 50325—2001)
(4)《建筑地面设计规范》(GB 50037—96)
(5)《建筑防腐蚀工程施工及验收规范》(GB 50212)

17.2 术语

17.2.1 建筑地面
建筑物底层地面(地面)和楼层地面(楼面)的总称。

17.2.2 面层
直接承受各种物理和化学作用的建筑地面表面层,本施工工艺标准指砖面层,即采用缸砖、水泥花砖、陶瓷地砖或陶瓷锦砖块材在水泥砂浆、沥青胶结料或胶粘剂结合层上铺设而成。

17.2.3 结合层
面层与下一构造层相联结的中间层,指水泥砂浆、沥青胶结料或胶粘剂。

17.2.4 基层

基层面层下的构造层，一般为水泥砂浆或混凝土基层。

17.3 基本规定

17.3.1 建筑地面工程采用的材料应按设计要求和《建筑地面工程施工质量验收规范》(GB 50209—2002)的规定选用，并应符合国家标准的规定；进场材料应有中文质量合格证明文件、规格、型号及性能检测报告，对重要材料应有复验报告。

17.3.2 铺设砖面层的结合层和板块间的填缝采用水泥砂浆，应符合下列规定：

(1) 配制水泥砂浆应采用硅酸盐水泥、普通硅酸盐水泥或矿渣硅酸盐水泥；其水泥强度等级不宜小于 32.5 级；

(2) 配制水泥砂浆的砂应符合国家现行行业标准《普通混凝土用砂质量标准及检验方法》(JGJ 52) 的规定；

(3) 配制水泥砂浆的体积比（或强度等级）应符合设计要求。

17.3.3 结合层和砖面层填缝的沥青胶结材料应符合国家现行有关产品标准和设计要求。

17.3.4 砖面层的铺砌应符合设计要求，当设计无要求时，宜避免出现板块小于 1/3 边长的边角料；高级装修时，宜避免出现板块小于 1/2 边长的边角料。

17.3.5 铺设砖面层时，其水泥类基层的抗压强度不得小于 1.2MPa。铺设水泥花砖、陶瓷锦砖、陶瓷地砖、缸砖的结合层和填缝的水泥砂浆，在面层铺设后，表面应覆盖、湿润，其养护时间不应少于 7d。

当砖面层的水泥砂浆结合层的抗压强度达到设计要求后，方可正常使用。

17.3.6 厕浴间和有防滑要求的建筑地面的地砖应符合设计要求。

17.3.7 砖面层踢脚线施工时，不得采用石灰砂浆打底。

17.3.8 有防腐蚀要求的砖面层采用的耐酸瓷砖、浸渍沥青砖、缸砖的材质、铺设以及施工质量验收应符合现行国家标准《建筑防腐蚀工程施工及验收规范》(GB 50212)的规定。

17.3.9 在水泥砂浆结合层上铺贴缸砖、陶瓷地砖和水泥花砖面层时，应符合下列规定：

（1）在铺贴前，应对砖的规格尺寸、外观质量、色泽等进行预选，浸水湿润晾干待用；

（2）勾缝和压缝应采用同品种、同强度等级、同颜色的水泥，并做养护和保护。

17.3.10 在水泥砂浆结合层上铺贴陶瓷锦砖面层时，砖底面应洁净，每联陶瓷锦砖之间、与结合层之间以及在墙角、镶边和靠墙处，应紧密贴合。在靠墙处不得采用砂浆填补。

17.3.11 在沥青胶结料结合层上铺贴缸砖面层时，缸砖应干净，铺贴时应在摊铺热沥青胶结料上进行，并应在胶结料凝结前完成。

17.4 施工准备

17.4.1 技术准备

（1）熟悉图纸，了解工程做法和设计要求，制定详细的施工方案后，向施工队伍做详尽的技术交底。

（2）各种进场原材料规格、品种、材质等符合设计要求，质量合格证明文件齐全，进场后进行相应验收，需复试的原材料进场后必须进行相应复试检测，合格后方可使用；并有相应施工配比通知单。

（3）已做好样板，并经各方验收合格。

（4）做好基层（防水层）等隐蔽工程验收记录。

17.4.2 材料要求

（1）水泥：采用硅酸盐水泥，普通硅酸盐水泥或矿渣硅酸盐水泥，强度等级不宜低于 32.5 级。应有出厂证明和复试报告，当出厂超过三个月应做复试并按试验结果使用。

（2）砂：采用洁净无有机杂质的中砂或粗砂，含泥量不大于 3%。不得使用有冰块的砂子。

（3）沥青胶结料：宜用石油沥青与纤维、粉状或纤维和粉状混合的填充料配制。

（4）胶粘剂：应符合防水、防菌要求。

（5）面砖：颜色、规格、品种应符合设计要求，外观检查基本无色差，无缺棱、掉角，无裂纹，材料强度、平整度、外形尺寸等均符合现行国家标准相应产品的各项技术指标。

17.4.3 主要机具

（1）电动机械

砂浆搅拌机、手提电动云石锯、小型台式砂轮锯等。

（2）主要工具

磅秤、铁板、小水桶、半截大桶、扫帚、平锹、铁抹子、大杠、中杠、小杠、筛子、窗纱筛子、窄手推车、钢丝刷、喷壶、锤子、橡皮锤、凿子、溜子、方尺、铝合金水平尺、粉线包、盒尺、红铅笔、工具袋等。

17.4.4 作业条件

（1）墙面抹灰及墙裙做完。

（2）内墙面弹好水准基准墨线（如：+500mm 或 +1000mm 水平线）并校核无误。

（3）门窗框要固定好，并用 1:3 水泥砂浆将缝隙堵塞严实。铝合金门窗框边缝所用嵌塞材料应符合设计要求。且应塞堵密实并事先粘好保护膜。

（4）门框保护好，防止手推车碰撞。

（5）穿楼地面的套管、地漏做完，地面防水层做完，并完成蓄水试验办好检验手续。

（6）按面砖的尺寸、颜色进行选砖，并分类存放备用，做好排砖设计。

(7) 大面积施工前应先放样并做样板,确定施工工艺及操作要点,并向施工人员交好底再施工。样板完成后必须经鉴定合格后方可按样板要求大面积施工。

17.5 材料和质量要点

17.5.1 材料的关键要求

(1) 砖面层工程中所用的砂、石、水泥、砖等无机非金属建筑材料和装修材料应符合《民用建筑工程室内环境污染控制规范》(GB 50325—2001) 的规定。

(2) 水泥花砖、缸砖、陶瓷锦砖、陶瓷地砖应符合现行的国家建材标准和相应的产品的各项技术指标,并应符合设计要求。

(3) 结合层(水泥砂浆、沥青胶结料或胶粘剂)应符合设计要求。

(4) 采用胶粘剂在结合层上粘贴砖面层时,胶粘剂选用应符合现行国家标准《民用建筑工程室内环境污染控制规范》(GB 50325) 的规定。

(5) 砖面层工程中所用的砂、水泥、砖等无机非金属建筑材料和装修材料必须有放射性指标报告;采用水性胶粘剂必须有总挥发性有机化合物(TVOC)和游离甲醛含量检测报告,采用溶剂性胶粘剂必须有总挥发性有机化合物(TVOC)、苯、游离甲苯二异氰酸酯(TDI)含量检测报告,并应符合设计要求和《民用建筑工程室内环境污染控制规范》(GB 50325—2001) 中污染物浓度含量的规定。

17.5.2 技术关键要求

(1) 基层处理应按砖面层施工工艺流程要求严格操作。

(2) 排砖要合理、铺砖重点是门洞口、墙边及管根等处,并应按砖面层施工工艺中的要求操作。

(3) 铺设砖面层 24h 后,宜加设围挡,洒水养护并不少于 7d。

17.5.3 质量关键要求

(1) 板块空鼓：基层清理不净、洒水湿润不均、砖未浸水、水泥浆结合层刷的面积过大风干后起隔离作用、上人过早影响粘结层强度等等因素，都是导致空鼓的原因。

(2) 踢脚板空鼓原因，除与地面相同外，还因为踢脚板背面粘结砂浆量少未抹到边，造成边角空鼓。

(3) 踢脚板出墙厚度不一致：由于墙体抹灰垂直度、平整度超出允许偏差，踢脚板镶贴时按水平线控制，所以出墙厚度不一致。在镶贴前，应先检查墙面平整度，进行处理后再进行镶贴。

(4) 板块表面不洁净：主要是做完面层之后，成品保护不够，在地砖上拌合砂浆、刷浆及油漆时不覆盖等，造成面层被污染。

(5) 有地漏的房间倒坡：做找平层砂浆时，没有按设计要求的泛水坡度进行弹线找坡。因此必须在找标高、弹线时找好坡度，抹灰饼和标筋时，抹出泛水。

(6) 地面铺贴不平，出现高低差：对地砖未进行预先挑选，砖不平整，砖的薄厚不一致造成高低差，或铺贴时未严格按水平标高线进行控制。

17.5.4 职业健康安全关键要求

(1) 施工作业照明必须符合安全用电相关规定。

(2) 施工操作人员应配备必要的且数量充足的劳动保护用品。

(3) 杜绝施工作业人员违章指挥、违章操作。

17.5.5 环境关键要求

(1) 砖面层施工过程中所产生的噪声应符合《城市区域环境噪声标准》及各地方有关条例法规的规定。

(2) 面层施工过程中所产生的粉尘、颗粒物等应符合《中华人民共和国大气污染防治法》及《大气污染物综合排放标准》的规定。

(3) 冬期施工：室内操作温度不低于5℃。低于此温度时，水泥砂浆应按气温的变化掺防冻剂（掺量应按产品说明），且必须经试验室试验确认后才能操作，并应按《建筑工程冬期施工规程》(JGJ 104—97)中的有关规定。

17.6 施工工艺

17.6.1 工艺流程

基层处理→找面层标高、弹线→抹找平层砂浆→弹铺砖控制线→铺砖→勾缝、擦缝→养护→踢脚板安装

17.6.2 操作工艺

（1）基层处理：将混凝土基层上的杂物清理掉，并用錾子剔掉楼地面超高、墙面超平部分及砂浆落地灰，用钢丝刷刷净浮浆层。如基层有油污时，应用10%火碱水刷净，并用清水及时将其上的碱液冲净。

（2）找面层标高、弹线：根据墙上的+50cm（或1m）水平标高线，往下量测出面层标高，并弹在墙上。

（3）抹找平层砂浆：

1）洒水湿润：在清理好的基层上，用喷壶将地面基层均匀洒水一遍。

2）抹灰饼和标筋：从已弹好的面层水平线下量至找平层上皮的标高（面层标高减去砖厚及粘结层的厚度），抹灰饼间距1.5m，灰饼上平就是水泥砂浆找平层的标高，然后从房间一侧开始抹标筋（又叫冲筋）。有地漏的房间，应由四周向地漏方向放射形抹标筋，并找好坡度。抹灰饼和标筋应使用干硬性砂浆，厚度不宜小于20mm。

3）装档（即在标筋间装铺水泥砂浆）：清净抹标筋的剩余浆渣，涂刷一遍水泥浆（水灰比为0.4～0.5)粘结层，要随涂刷随铺砂浆。然后根据标筋的标高，用小平锹或木抹子将已拌合的水泥砂浆（配合比为1:3～1:4)铺装在标筋之间，用木抹子摊平、

拍实，小木杠刮平，再用木抹子搓平，使铺设的砂浆与标筋找平，并用大木杠横竖检查其平整度，同时检查其标高和泛水坡度是否正确，24h后浇水养护。

(4) 弹铺砖控制线：当找平层砂浆抗压强度达到1.2MPa时，开始上人弹砖的控制线。预先根据设计要求和砖板块规格尺寸，确定板块铺砌的缝隙宽度，当设计无规定时，紧密铺贴缝隙宽度不宜大于1mm，虚缝铺贴缝隙宽度宜为5~10mm。

在房间分中，从纵、横两个方向排尺寸，当尺寸不足整砖倍数时，将非整砖用于边角处，横向平行于门口的第一排应为整砖，将非整砖排在靠墙位置，纵向（垂直门口）应在房间内分中，非整砖对称排放在两墙边处，尺寸不小于整砖边长的1/2。根据已确定的砖数和缝宽，在地面上弹纵、横控制线（每隔4块砖弹一根控制线）。

(5) 铺砖：为了找好位置和标高，应从门口开始，纵向先铺2~3行砖，以此为标筋拉纵横水平标高线，铺时应从里向外退着操作，人不得踏在刚铺好的砖面上，每块砖应跟线，操作程序是：

1) 铺砌前将砖板块放入半截水桶中浸水湿润，晾干后表面无明水时，方可使用。

2) 找平层上洒水湿润，均匀涂刷素水泥浆（水灰比为0.4~0.5)，涂刷面积不要过大，铺多少刷多少。

3) 结合层的厚度：如采用水泥砂浆铺设时应为20~30mm，采用沥青胶结料铺设时应为2~5mm。采用胶粘剂铺设时应为2~3mm。

4) 结合层组合材料拌合：采用沥青胶结材料和胶粘剂时，除了按出厂说明书操作外还应经试验室试验后确定配合比，拌合要均匀，不得有灰团，一次拌合不得太多，并在要求的时间内用完。如使用水泥砂浆结合层时，配合比宜为1:2.5（水泥:砂）干硬性砂浆。亦应随拌随用，初凝前用完，防止影响粘结质量。

5) 铺砌时，砖的背面朝上抹粘结砂浆，铺砌到已刷好的水泥浆找平层上，砖上楞略高出水平标高线，找正、找直、找方后，砖上面垫木板，用橡皮锤拍实，顺序从内退着往外铺砌，做到面砖砂浆饱满、相接紧密、坚实，与地漏相接处，用砂轮锯将砖加工成与地漏相吻合。铺地砖时最好一次铺一间，大面积施工时，应采取分段、分部位铺砌。

6) 拨缝、修整：铺完 2~3 行，应随时拉线检查缝格的平直度，如超出规定应立即修整；将缝拨直，并用橡皮锤拍实。此项工作应在结合层凝结之前完成。

(6) 勾缝擦缝：面层铺贴应在 24h 内进行擦缝、勾缝工作，并应采用同品种、同强度等级、同颜色的水泥。宽缝一般在 8mm 以上，采用勾缝。若纵横缝为干挤缝，或小于 3mm 者，应用擦缝。

1) 勾缝：用 1:1 水泥细砂浆勾缝，勾缝用砂应用窗纱过筛，要求缝内砂浆密实、平整、光滑，勾好后要求缝成圆弧形，凹进面砖外表面 2~3mm。随勾随将剩余水泥砂浆清走、擦净。

2) 擦缝：如设计要求不留缝隙或缝隙很小时，则要求接缝平直，在铺实修整好的砖面层上用浆壶往缝内浇水泥浆，然后用干水泥撒在缝上，再用棉纱团擦揉，将缝隙擦满。最后将面层上的水泥浆擦干净。

(7) 养护：铺完砖 24h 后，洒水养护，时间不应少于 7d。

(8) 镶贴踢脚板：踢脚板用砖，一般采用与地面块材同品种、同规格、同颜色的材料，踢脚板的立缝应与地面缝对齐，铺设时应在房间墙面两端头阴角处各镶贴一块砖，出墙厚度和高度应符合设计要求，以此砖上楞为标准挂线，开始铺贴，砖背面朝上抹粘结砂浆（配合比为 1:2 水泥砂浆），使砂浆粘满整块砖为宜，及时粘贴在墙上，砖上楞要跟线并立即拍实，随之将挤出的砂浆刮掉。将面层清擦干净（在粘贴前，砖块材要浸水晾干，墙面刷水湿润）。

17.7 质量标准

17.7.1 主控项目

(1) 面层所用的板块的品种、质量必须符合设计要求。

检验方法：观察检查和检查材质合格证明文件及检测报告。

(2) 面层与下一层的结合（粘结）应牢固，无空鼓。

检验方法：用小锤轻击检查。

注：凡单块砖边角有局部空鼓，且每自然间（标准间）不超过总数的5%可不计。

17.7.2 一般项目

(1) 砖面层的表面应洁净、图案清晰，色泽一致，接缝平整，深浅一致，周边顺直。板块无裂纹、掉角和缺楞等缺陷。

检验方法：观察检查。

(2) 面层邻接处的镶边用料及尺寸应符合设计要求，边角整齐、光滑。

检验方法：观察和用钢尺检查。

(3) 踢脚线表面应洁净、高度一致、结合牢固、出墙厚度一致。

检验方法：观察和用小锤轻击及钢尺检查。

(4) 楼梯踏步和台阶板块的缝隙宽度应一致、齿角整齐；楼层梯段相邻踏步高度差不应大于10mm；防滑条顺直。

检验方法：观察和用钢尺检查。

(5) 面层表面的坡度应符合设计要求，不倒泛水、无积水；与地漏、管道结合处应严密牢固，无渗漏。

检验方法：观察、泼水或坡度尺及蓄水检查。

(6) 砖面层的允许偏差及检验方法：应符合表17.7.2的规定。

砖面层的允许偏差和检验方法　　　　　表17.7.2

项次	项目	允许偏差				检验方法
		陶瓷锦砖	缸砖	陶瓷地砖	水泥花砖	
1	表面平整度	2.0	4.0	2.0	3.0	用2m靠尺和塞尺检查
2	缝格平直	3.0	3.0	3.0	3.0	拉5m线和用钢直尺检查
3	接缝高低差	0.5	1.5	0.5	0.5	用钢直尺和塞尺检查
4	踢脚上口平直	3.0	4.0	3.0	—	拉5m线和用钢直尺检查
5	板块间隙宽度	2.0	2.0	2.0	2.0	用钢直尺检查

17.8 成品保护

17.8.1 镶铺砖面层后,如果其他工序插入较多,应铺覆盖物对面层加以保护。

17.8.2 切割面砖时应用垫板,禁止在已铺地面上切割。

17.8.3 推车运料时应注意保护门框及已完地面,小车腿应包裹。

17.8.4 操作时不要碰动管线,不要把灰浆掉落在已安完的地漏管口内。

17.8.5 做油漆、浆活时,应铺覆盖物对面层加以保护,不得污染地面。

17.8.6 要及时清擦干净残留在门窗框上的砂浆,特别是铝合金门窗框宜粘贴保护膜,预防锈蚀。

17.8.7 合理安排施工顺序,水电、通风、设备安装等应提前完成,防止损坏面砖。

17.8.8 结合层凝结前应防止快干、曝晒、水冲和振动,以保证其灰层有足够的强度。

17.8.9 搭拆架子时注意不要碰撞地面,架腿应包裹并下垫木方。

17.9　安全环保措施

17.9.1　使用手持电动机具必须装有漏电保护器，作业前应试机检查，操作手提电动机具的人员应佩戴绝缘手套、胶鞋，保证用电安全。

17.9.2　砖面层作业时，切割的碎片、碎块不得向窗外抛扔。剔凿瓷砖应戴防护镜。

17.9.3　水泥要入库，砂子要覆盖，搬运水泥要戴好防护用品。

17.9.4　基层清理、切割块料时，操作人员宜戴上口罩、耳塞，防止吸入粉尘和切割噪声，危害人身健康。

17.9.5　切割砖块料时，宜加装挡尘罩，同时在切割地点洒水，防止粉尘对人的伤害及对大气的污染。

17.9.6　切割砖块料的时间，应安排在白天的施工作业时间内（根据各地方的规定），地点应选择在较封闭的室内进行。

17.10　质量记录

17.10.1　砖面层工程的施工图、设计说明及其他设计文件。

17.10.2　水泥、地砖、胶粘剂等材料的产品合格证书、性能检测报告、进场验收记录和复验报告。

17.10.3　砂子的含泥量试验记录。

17.10.4　隐蔽工程验收记录。

17.10.5　施工记录。

17.10.6　寒冷地区陶瓷面砖的抗冻性和吸水性试验。

18 大理石面层和花岗石面层施工工艺标准

18.1 总则

18.1.1 适用范围

本施工工艺标准适用于高级公共建筑及高级室内铺设大理石、花岗石的地面工程。

18.1.2 编制参考标准及规范

(1)《建筑工程施工质量验收统一标准》(GB 50300—2001)

(2)《建筑地面工程施工质量验收规范》(GB 50209—2002)

(3)《建筑地面设计规范》(GB 50037—1996)

(4)《民用建筑工程室内环境污染控制规范》(GB 50325—2001)

18.2 术语

18.2.1 建筑地面：建筑物底层地面（地面）和楼层地面（楼面）的总称。

18.2.2 面层：直接承受各种物理和化学作用的建筑地面表面层，本施工工艺标准指大理石和花岗石面层。

18.2.3 结合层：面层与下一构造层相联结的中间层，一般指水泥砂浆结合层。

18.2.4 基层：面层下的构造层，一般为水泥砂浆或混凝土基层。

18.3 基本规定

18.3.1 大理石、花岗石应按设计要求和规范的规定选用,并应符合国家标准的规定;进场材料应有中文质量合格证明文件、规格、型号及性能检测报告,对重要材料应有复验报告。

18.3.2 地面基层应有足够的强度,其表面平整度检查允许偏差5mm。

18.3.3 大理石及花岗石地面面层宜在地面隐蔽工程、吊顶工程、墙面抹灰工程完成并验收合格后进行。

18.3.4 建筑地面工程面层的铺设,应待其下一层检验合格后方可施工上一层。面层铺设前应与相关专业的分部(子分部)工程、分项工程以及设备管道安装之间进行交接检验。

18.3.5 建筑地面工程完工后,应对面层采取保护措施。

18.3.6 建筑地面面层分项工程应按每一层次或每一施工段或变形缝作为检验批,高层建筑的标准层可按每三层作为检验批,不足三层按三层计。每一检验批应以各类面层划分的分项工程按自然间或标准间检验,抽查数量应随机检验不应少于3间;不足3间应全数检查;其中走廊过道应以10延长米为1间,礼堂、门厅应以两个轴线为1间计算。

18.3.7 建筑地面分项工程施工质量检验的主控项目,必须达到《建筑地面工程施工质量验收规范》规定的质量标准,认定为合格;一般项目80%以上的检查点(处)符合上述规范规定的质量要求,其他检查点(处)不得有明显影响使用,并不得大于允许偏差值的50%为合格。凡达不到质量标准时,应按照现行国家标准《建筑工程施工质量验收统一标准》(GB 50300—2001)的规定处理。

18.3.8 建筑地面完工后,施工质量验收应在建筑施工企业自检合格的基础上,由监理单位组织有关单位对分项工程、子分部工程进行检验。

18.4 施工准备

18.4.1 技术准备

（1）熟悉图纸，了解各部位尺寸和做法，弄清洞口、边角等部位之间的关系，画出大理石、花岗石地面的施工排版图。排版时注意非整块石材应放于房间的边缘，不同材质的地面交接处应在门口分开。

（2）工程技术人员应编制地面施工技术方案，并向施工队伍做详尽的技术交底。

（3）各种进场原材料规格、品种、材质等符合设计要求，质量合格证明文件齐全，进场后进行相应验收，需复试的原材料进场后必须进行相应复试检测，合格后方可使用；并有相应施工配比通知单。

（4）已做好样板，并经各方验收。

18.4.2 材料准备

（1）大理石、花岗石块均应为加工厂的成品，其品种、规格、质量应符合设计和施工规范要求，在铺装前应采取防护措施，防止出现污损、泛碱等现象。

（2）水泥：宜选用普通硅酸盐水泥，强度等级不小于32.5级。

（3）砂：宜选用中砂或粗砂。

（4）擦缝用白水泥、矿物颜料，清洗用草酸、蜡。

18.4.3 主要机具

手提式电动石材切割机或台式石材切割机、干、湿切割片、手把式磨石机、手电钻、修整用平台、木楔、灰簸箕、水平尺、2m靠尺、方尺、橡胶锤或木锤、小线、手推车、铁锹、浆壶、水桶、喷壶、铁抹子、木抹子、墨斗、钢卷尺、尼龙线、扫帚、钢丝刷。

18.4.4 作业条件

(1) 大理石板块（花岗石板块）进场后应侧立堆放在室内，侧立堆放，底下应加垫木方，详细核对品种、规格、数量、质量等是否符合设计要求，有裂纹、缺棱掉角的不能使用。

(2) 设加工棚，安装好台钻及砂轮锯，并接通水、电源，需要切割钻孔的板，在安装前加工好。

(3) 室内抹灰、地面垫层、水电设备管线等均已完成。

(4) 房内四周墙上弹好水准基准墨线（如+500mm水平线）。

(5) 施工操作前应画出大理石、花岗石地面的施工排版图，碎拼大理石、花岗岗应提前按图预拼编号。

18.5 材料和质量要点

18.5.1 材料的关键要求

(1) 天然大理石、花岗石的技术等级、光泽度、外观等质量要求应符合国家现行行业标准《天然大理石建筑板材》JC 79、《天然花岗石建筑板材》JC 205 的相关规定。

(2) 天然大理石、花岗岩必须有放射性指标报告，胶粘剂必须有挥发性有机物等含量检测报告。

18.5.2 技术关键要求

(1) 基层必须清理干净且浇水湿润，且在铺设干硬性水泥砂浆结合层之前、之后均要刷一层素水泥浆，确保基层与结合层、结合层与面层粘结牢固。

(2) 大理石或花岗石必须在铺设前浸水湿润，防止将结合层水泥浆的水分吸收，导致粘结不牢。

(3) 铺设前必须拉十字通线，确保操作工人跟线铺砌，铺完每行后随时检查缝隙是否顺直。

(4) 铺设标准块后，随时用水平尺和直尺找平，以防接缝高低不平，宽窄不匀。

(5) 铺设踢脚板时，严格拉通线控制出墙厚度，防止出墙厚度不一致。

(6) 房间内的水平线由专人负责引入，各个房间和楼道的标高应相互一致。

(7) 严格套方筛选板块，凡有翘曲、拱背、裂缝、掉角、厚薄不一、宽窄不方正等质量缺陷的板材一律不予使用；品种不同的板材不得混杂使用。

(8) 铺设前，应根据石材的颜色、花纹、图案、纹理等按设计要求，进行对色、拼花并试拼、编号。

18.5.3 质量关键要求

(1) 基层处理是防止面层空鼓、裂纹、平整度差等质量通病的关键工序，因此要求基层必须具有粗糙、洁净和潮湿的表面。基层上的一切浮灰、油质、杂物，必须仔细清理，否则形成一层隔离层，会使结合层与基层结合不牢。表面较滑的基层应进行凿毛，并用清水冲洗干净，冲洗后的基层，最好不要上人。

(2) 铺设地面前还需一次将门框校核找正，先将门框锯口线抄平校正，保证当地面面层铺设后，门扇与地面的间隙（风路）符合规范要求，然后将门框固定，防止松动位移。

(3) 铺设过程中应及时将门洞下的石材与相邻地面相接。在工序的安排上，大理石或花岗石地面以外房间的地面应先完成，保证过门处的大理石或花岗石与大面积地面连续铺设。

18.5.4 职业健康安全关键要求

(1) 使用切割机、磨石机等手持电动工具之前，必须检查安全防护设施和漏电保护器，保证设施齐全、灵敏有效，以防触电。

(2) 大理石、花岗石等板材应堆放整齐稳定，高度适宜，装卸时应稳拿稳放，以免材料损坏并伤及自身。

(3) 夜间施工或阴暗处作业时，照明用电必须符合施工用电安全规定。

(4) 使用手持电动工具的施工操作人员应戴绝缘手套，穿胶靴；石材切割打磨操作人员应戴防尘口罩和耳塞；其他施工操作人员一律配戴安全帽。

18.5.5 环境关键要求

(1) 施工现场的环境温度应控制在5℃以上。冬期施工时，原材料和操作环境温度不得低于5℃，不得使用冻块的砂子，板块表面严禁出现结冰现象。如室内无取暖和保温措施严禁施工。

(2) 切割石材的地点应采取防尘措施，适当洒水。

(3) 切割石材应安排在白天进行，并选择在较封闭的室内，防止噪声污染，影响周围环境。

(4) 建筑废料和粉尘应及时清理，放置指定地点，若临时堆放在现场，必要时还应进行覆盖，防止扬尘。

18.6 施 工 工 艺

18.6.1 工艺流程

准备工作 → 试拼 → 弹线 → 试排 → 基层处理 → 铺砂浆 → 铺大理石或花岗石 → 灌缝、擦缝 → 养护 → 打蜡

18.6.2 操作工艺

(1) 试拼：在正式铺设前，对每一房间的大理石或花岗石板块，应按图案、颜色、纹理试拼，试拼后按两个方向编号排列，然后按照编号码放整齐。

(2) 弹线：在房间的主要部位弹互相垂直的控制十字线，用以检查和控制大理石或花岗石板块的位置，十字线可以弹在基层上，并引至墙面底部。依据墙面水准基准线（如：+500mm线），找出面层标高，在墙上弹好水平线，注意与楼道面层标高一致。

(3) 试排：在房间内的两个互相垂直的方向，铺设两条干砂，其宽度大于板块，厚度不小于3cm。根据试拼石板编号及施

工大样图，结合房间实际尺寸，把大理石或花岗石板块排好，以便检查板块之间的缝隙，核对板块与墙面、柱、洞口等部位的相对位置。

（4）基层处理：在铺砂浆之前将基层清扫干净，包括试排用的干砂及大理石块，然后用喷壶洒水湿润，刷一层素水泥浆，水灰比为0.5左右，随刷随铺砂浆。

（5）铺砂浆：根据水平线，定出地面找平层厚度，拉十字控制线，铺结合层水泥砂浆，结合层一般采用1:3的干硬性水泥砂浆，干硬程度以手捏成团不松散为宜。砂浆从里往门口处摊铺，铺好后用大杠刮平，再用抹子拍实找平。找平层厚度宜高出大理石底面标高3~4mm。

（6）铺大理石或花岗石：一般房间应先里后外沿控制线进行铺设，即先从远离门口的一边开始，按照试拼编号，依次铺砌，逐步退至门口。铺前应将板预先浸湿阴干后备用，在铺好的干硬性水泥砂浆上先试铺合适后，翻开石板，在水泥砂浆找平层上满浇一层水灰比为0.5的素水泥浆结合层，然后正式镶铺。安放时四角同时往下落，用橡皮锤或木锤轻击木垫板（不得用木锤直接敲击大理石或花岗石），根据水平线用铁水平尺找平，铺完第一块向两侧和后退方向顺序镶铺。如发现空隙应将石板掀起用砂浆补实再行安装。

（7）大理石或花岗石板块间，接缝要严，一般不留缝隙。

（8）灌缝、擦缝：在铺砌后1~2昼夜进行灌浆擦缝。根据大理石或花岗石颜色，选择相同颜色矿物颜料和水泥拌合均匀调成1:1稀水泥浆，用浆壶徐徐灌入大理石或花岗石板块之间的缝隙，分几次进行，并用长把刮板把流出的水泥浆向缝隙内喂灰。灌浆时，多余的砂浆应立即擦去，灌浆1~2h后，用棉丝团蘸原稀水泥浆擦缝，与板面擦平，同时将板面上水泥浆擦净。

（9）养护：面层施工完毕后，封闭房间，派专人洒水养护不少于7d。

(10) 打蜡：当各工序完工不再上人时方可打蜡，达到光滑洁净。

(11) 贴大理石踢脚板工艺流程：

1) 粘贴法：

根据墙面抹灰厚度吊线确定踢脚板出墙厚度，一般 8~10mm。

用 1:3 水泥砂浆打底找平并在表面划纹。

找平层砂浆干硬后，拉踢脚板上口的水平线，把湿润阴干的大理石踢脚板的背面。刮抹一层 2~3mm 厚的素水泥浆（可掺加 10%左右的 108 胶）后，往底灰上粘贴，并用木锤敲实，根据水平线找直。24h 后用同色水泥浆擦缝，将余浆擦净。与大理石地面同时打蜡。

2) 灌浆法：

根据墙面抹灰厚度吊线确定踢脚板出墙厚度，一般 8~10mm。

在墙两端各安装一块踢脚板，其上楞高度在同一水平线内，出墙厚度一致。然后沿二块踢脚板上楞拉通线，逐块依顺序安装，随时检查踢脚板的水平度和垂直度。相邻两块之间及踢脚板与地面、墙面之间用石膏稳牢。

灌 1:2 稀水泥沙浆，并随时把溢出的砂浆擦干净，待灌入的水泥砂浆终凝后把石膏铲掉。

用棉丝团蘸与大理石踢脚板同颜色的稀水泥浆擦缝。踢脚板的面层打蜡同地面一起进行。踢脚板之间的缝宜与大理石板块地面对缝镶贴。

18.7 质量标准

18.7.1 主控项目

(1) 大理石、花岗石面层所用板块的品种、规格、质量必须符合设计要求。

检验方法：观察检查和检查材质合格记录。

（2）面层与下一层应结合牢固，无空鼓。

检验方法：用小锤轻击检查。凡单块板边角有局部空鼓，且每自然间（标准间）不超过总数的5%可不计。

18.7.2 一般项目

（1）大理石、花岗石表面应洁净、平整、无磨痕，且应图案清晰、色泽一致、接缝均匀、周边顺直、镶嵌正确、板块无裂纹、掉角、缺楞等缺陷。

检验方法：观察检查。

（2）踢脚线表面应洁净，高度一致，结合牢固，出墙厚度一致。

检验方法：观察和用小锤轻击及钢尺检查。

（3）楼梯踏步和台阶板块的缝隙宽度应一致、齿角整齐，楼层梯段相邻踏步高度差不应大于10mm，防滑条应顺直、牢固。

检验方法：观察和用钢尺检查。

（4）面层表面的坡度应符合设计要求，不倒泛水、无积水；与地漏、管道结合处严密牢固，无渗漏。

检验方法：观察、泼水或坡度尺及蓄水检查。

（5）大理石和花岗石面层（或碎拼大理石、碎拼花岗石）的允许偏差应符合表18.7.2规定：

天然大理石和花岗石面层的允许偏差和检验方法　　表18.7.2

项次	项 目	允许偏差(mm)	检 验 方 法
1	表面平整度	1.0	用2m靠尺和楔形塞尺检查
2	缝格平直	2.0	拉5m线和用钢尺检查
3	接缝高低差	0.5	用钢尺和楔形塞尺检查
4	踢脚线上口平直	1.0	拉5m线和用钢尺检查
5	板块间隙宽度不大于	1.0	用钢尺检查

18.8 成品保护

18.8.1 存放大理石板块，不得雨淋、水泡、长期日晒。一般采用板块立放，光面相对。板块的背面应支垫木方，木方与板块之间衬垫软胶皮。在施工现场内倒运时，也须如此。

18.8.2 运输大理石或花岗石板块、水泥砂浆时，应采取措施防止碰撞已作完的墙面、门口等。铺设地面用水时防止浸泡、污染其他房间地面墙面。

18.8.3 试拼应在地面平整的房间或操作棚内进行。调整板块人员宜穿干净的软底鞋搬动、调整板块。

18.8.4 铺砌大理石或花岗石板块过程中，操作人员应做到随铺随砌随揩净，揩净大理石板面应该用软毛刷和白色干布。

18.8.5 新铺砌的大理石或花岗石板块的房间应临时封闭。当操作人员和检查人员踩踏新铺砌的大理石板块时，要穿软底鞋，并且轻踏在一块板材上。

18.8.6 在大理石或花岗石地面上行走时，结合层砂浆的抗压强度不得低于1.2MPa。

18.8.7 大理石或花岗石地面完工后，房间封闭，粘贴层上强度后，应在其表面覆盖保护。

18.9 安全环保措施

18.9.1 使用切割机、磨石机等手持电动工具之前，必须检查安全防护设施和漏电保护器，保证设施齐全、灵敏有效。

18.9.2 夜间施工或阴暗处作业时，照明用电必须符合施工用电安全规定。

18.9.3 大理石、花岗石等板材应堆放整齐稳定，高度适宜，装卸时应稳拿稳放。

18.9.4 铺设施工时，应及时清理地面的垃圾、废料及边角料，严禁由窗口、阳台等处向外抛扔。

18.9.5 切割石材应安排在白天进行,并选择在较封闭的室内,防止噪声污染,影响周围环境。

18.9.6 建筑废料和粉尘应及时清理,放置指定地点,若临时堆放在现场,必要时还应进行覆盖,防止扬尘。

18.9.7 切割石材的地点应采取防尘措施,适当洒水。

18.10 质 量 记 录

18.10.1 大理石、花岗石板材产品质量证明书(包括放射性指标检测报告)。

18.10.2 胶粘剂产品质量证明书(包括挥发性有机物等含量检测报告)。

18.10.3 水泥出厂检测报告和现场抽样检测报告。

18.10.4 砂、石现场抽样检测报告。

18.10.5 各种材料进场验收记录。

19 预制板块面层施工工艺标准

19.1 总则

19.1.1 适用范围

本工艺标准适用于工业与民用建筑的厂区、庭院道路、停车场及室内建筑地面等，铺设预制混凝土板块和水磨石板块面层。

19.1.2 编制参考标准及规范

(1)《建筑工程施工质量验收统一标准》(GB 50300—2001)
(2)《建筑地面工程施工质量验收规范》(GB 50209—2002)
(3)《建筑地面设计规范》(GB 50037—96)
(4)《建筑水磨石制品》(JC507)

19.2 术语

19.2.1 面层

直接承受各种物理和化学作用的地面表面层。

19.2.2 结合层

面层与下一构造层相联结的中间层。

19.2.3 基层

面层下的构造层，包括填充层、隔离层、找平层、垫层和基土等。

19.2.4 垫层

承受并传递地面荷载于基土上的构造层。

19.2.5 基土
底层地面的地基土层。

19.2.6 建筑地面
建筑物底层地面(地面)和楼层地面(楼面)的总称。

19.3 基本规定

19.3.1 建筑地面工程采用的材料应按设计要求和《建筑地面工程施工质量验收规范》(GB 50209—2002)的规定选用,并应符合国家标准的规定;进场材料应有中文质量合格证明文件、规格、型号及性能检测报告,对重要材料应有复验报告。

19.3.2 铺设预制板块面层的结合层和板块间的填缝采用水泥砂浆,应符合下列规定:

(1) 配制水泥砂浆应采用硅酸盐水泥、普通硅酸盐水泥或矿渣硅酸盐水泥;其水泥强度等级不宜小于32.5级。

(2) 配制水泥砂浆的砂应符合国家现行行业标准《普通混凝土用砂质量标准及检验方法》(JGJ 52)的规定。

(3) 配制水泥砂浆的体积比(或强度等级)应符合设计要求。

19.3.3 结合层和预制板块面层填缝若采用沥青胶结材料时,应符合国家现行有关产品标准和设计要求。

19.3.4 预制板块面层的铺砌应符合设计要求。

19.3.5 铺设预制板块面层时,其水泥类基层的抗压强度不得小于1.2MPa。结合层和填缝的水泥砂浆,在面层铺设后,表面应覆盖、湿润,其养护时间不应少于7d。

当预制板块面层的水泥砂浆结合层的抗压强度达到设计要求后,方可正常使用。

19.3.6 面层踢脚线施工时,不得采用石灰砂浆打底。

19.4 施工准备

19.4.1 技术准备

（1）进行图纸会审，复核设计做法是否符合现行国家规范的要求，结构与建筑标高差是否满足各构造层的总厚度及找坡的要求。

（2）做好技术交底，必要时必须编制施工组织设计。

（3）水泥砂浆结合层配合比已完成，有配合比通知单，所用板块已经验收合格。

19.4.2 材料要求

（1）预制混凝土板块：强度不应小于20MPa，常见规格为495mm×495mm，路面块材厚度不应小于100mm，人行及庭院块材厚度不应小于50mm。进场时应有出厂合格证、混凝土强度试压记录。并对混凝土板块进行外观检查，表面要求密实，无麻面、裂纹和脱皮，边角方正，无扭曲、缺角、掉边。

（2）水磨石板块应符合国家现行行业标准《建筑水磨石制品》（JC 507）的规定，其抗压、抗折强度符合设计要求，其规格、品种按设计要求选配，外观边角整齐方正，表面光滑、平整，无扭曲、缺角、掉边现象，进场时应有出厂合格证。

（3）砂：应符合国家现行行业标准《普通混凝土用砂质量标准及检验方法》（JGJ 52）的规定。

（4）水泥：32.5级以上的硅酸盐水泥、普通硅酸盐水泥或矿渣硅酸盐水泥，有出厂合格证及复试报告。

（5）磨细生石灰粉：提前48h熟化后再用。

（6）预制混凝土马路牙子，按图纸尺寸及强度等级提前预制加工。

19.4.3 主要机具

水准仪、靠尺、钢尺、小水桶、半截桶、扫帚、平铁锹、铁抹子、大木杠、小木杠、筛子、窗纱筛子、喷壶、锤子、橡皮锤、錾子、溜子、板块夹具、扁担、手推车、搅拌机等。

19.4.4 作业条件

(1) 庭院或小区的地下各种管道，如污水、雨水、电缆、煤气、电讯等均施工完，并经检查验收。

(2) 庭院或小区的场地已进行基本平整，障碍物已清除出场。

(3) 庭院或小区道路已放线且已抄平，标高、尺寸已按设计要求确定好。路基基土已碾压密实，密实度符合设计要求，并已经进行质量检查验收。

(4) 室内施工时：室内墙顶抹灰完，门框安完。墙上已弹好水准基准线（如：+500mm 水平线）。穿过楼面的管洞已堵严塞实。基层已做完，其强度达到 1.2MPa 以上。

19.5 材料和质量要点

19.5.1 材料的关键要求

(1) 预制板块的强度等级、规格、质量应符合设计要求，板块允许偏差：长、宽 ±2.5mm，厚度 ±2.5mm，长度 ≥400mm，平整度为 1mm；长度 ≥800mm 平整度为 2mm。

(2) 水磨石板块除满足设计要求外尚应符合国家现行行业标准《建筑水磨石制品》JC507 的规定。

(3) 熟化石灰颗粒粒径不得大于 5mm；黏土内不得含有有机物质，颗粒粒径不得大于 15mm。

19.5.2 技术关键要求

(1) 基土回填一定要密实，压实系数应符合设计要求，设计无要求时，不应小于 0.90。

(2) 在面层铺设后，表面应覆盖、湿润，其养护时间不小于 7d。

(3) 当板块面层的水泥砂浆结合层的抗压强度达到设计要求后，方可使用。

(4)板块类建筑地面、踢脚线施工时,不得采用石灰砂浆打底,应采用水泥砂浆。

19.5.3 质量关键要求

(1)地面使用后出现塌陷现象:主要原因是地基回填土不符合质量要求,未分层进行夯实或者严寒季节在冻土上铺砌地面,开春后土化冻地面下沉。因此在铺砌地面板块前,必须严格控制地基填土和灰土垫层的施工质量,更不得在冻土层上作地面。

(2)板面松动:铺砌后应养护2d后,立即进行灌缝,并填塞密实,地面边的板块缝隙处理尤为重要,防止缝隙不严板块松动。

(3)板面平整度偏差过大、高低不平:在铺砌之前必须拉水平标高线,先在两端各砌一行,作为标筋,以两端标准再拉通线进行控制水平高度,在铺砌过程中随时用2m靠尺检查平整度,不符合要求时及时修整。

(4)预制水磨石踢脚板安装后出墙厚度不一致:主要原因是墙面垂直度、平整度偏差过大,在安踢脚板时要预先处理墙面,达到出墙厚度一致。

19.5.4 职业健康安全关键要求

搬运预制板块时,注意不要砸脚;切割石块施工时戴防护眼镜;后台人员搬运、倒水泥时应戴防护口罩。

19.5.5 环境关键要求

严禁在原有道路上拌合砂浆。运送砂浆的车要严,堆放的板块要码放整齐。

19.6 施 工 工 艺

19.6.1 工艺流程

垫层 → 找标高 → 栽路牙子 → 排预制块 → 铺砌路面 → 灌缝、清理

19.6.2 操作工艺

(1) 灰土垫层：在已夯实的基土上进行灰土垫层的分项操作，按设计要求的厚度分层进行，厚度不应小于100mm。具体操作执行《灰土垫层施工工艺标准》。

(2) 找标高、拉线：灰土垫层打完之后，根据建筑物已有标高和设计要求的路面标高，沿路长进行砸木桩（或钢筋棍），用水准仪抄平后，拉水平线。

(3) 栽路牙子：测量出路面宽度，在道路两侧根据已拉好的水平标高线，进行预制混凝土马路牙子安装，先挖槽量好底标高，再进行埋设，上口找平、找直，灌缝后两侧培土掩实。

(4) 铺砌路面：

1) 混凝土预制块路面：适用于停车场、厂区、庭院。

对进场的预制混凝土块进行挑选，将有裂缝、掉角、翘曲和表面上有缺陷的板块剔出，强度和品种不同的板块不得混杂使用。

拉水平线，根据路面场地面积大小可分段进行铺砌，先在每段的两端头各铺一排混凝土板块，以此作为标准进行铺砌。

铺砌前将灰土垫层清理干净后，铺一层25mm厚的砂浆结合层（配合比按设计要求），铺得面积不得过大，随铺浆随砌，板块铺上时略高于面层水平线，然后用橡皮锤将板块敲实，使面层与水平线相平。板块缝隙不宜大于6mm，要及时拉线检查缝格平直度，用2m靠尺检查板块的平整度。

2) 水磨石板块路面：适用于小区道路及甬路铺设。

拉水平标高线，将灰土垫层清理干净，在甬路两端头各砌一行砖，找好平整及标高，以此做为甬路路面的标准。

铺25mm厚、1:3白灰砂浆结合层，边砌筑边找平，用橡皮锤敲木拍板，使250mm×250mm×50mm水磨石板块与结合层紧密结合牢固。随铺砌随检查缝格的顺直和板面面层的平整度，控制在允许偏差范围内。

以上两种板块构成的路面，在铺砌前均要根据路面宽度进行排砖，如有非整块，要均分排在路宽的两侧边，用现浇混凝土补齐，与马路牙子相接，其强度等级不应低于20MPa，若不设路牙子时，要注意路边的顺直，并要培土保护。水磨石板块如非整砖，用云石锯改锯。

（5）灌缝：预制混凝土板块或水磨石板块铺砌后2d内，应根据设计要求的材料进行灌缝，填实灌满后将面层清理干净，待结合层达到强度后，方可上人行走。夏季施工，面层要浇水养护。彩色混凝土板块和水磨石板块应用同色水泥浆（或砂浆）擦缝。

（6）冬期施工：

1）冬期施工时，其掺入的防冻剂要经试验后确定其掺入量。

2）如使用砂浆时，最好用热水拌合，砂浆使用温度不得低于5℃，并随伴随用，做好保温。

3）铺砌完成后，要进行覆盖，防止受冻。

19.7 质量标准

19.7.1 主控项目

（1）预制混凝土块强度等级、规格、质量应符合设计要求；水磨石板块尚应符合国家现行行业标准《建筑水磨石制品》(JC507)的规定。

检验方法：观察检查和检查材质合格证明文件及检测报告。

（2）面层与下一层应结合牢靠，无空鼓。

检验方法：用小锤轻击检查。

19.7.2 一般项目

（1）预制板块表面应无裂缝、掉角、翘曲等明显缺陷。

检验方法：观察检查。

（2）预制板块面层应平整洁净，图案清晰，色泽一致，接缝均匀，周边顺直，镶嵌正确。

检验方法：观察检查。

(3) 面层邻接处的镶边用料尺寸应符合设计要求,边脚整齐、光滑。

检验方法:观察和钢尺检查。

(4) 踢脚线表面应洁净、高度一致、结合牢固、出墙厚度一致。

检验方法:观察和用小锤轻击及用钢尺检查。

(5) 楼梯踏步和台阶板块的缝隙宽度一致、齿角整齐,楼层梯段相邻踏步高度差不应小于10mm,防滑条顺直。

检验方法:观察和钢尺检查。

(6) 水泥混凝土预制板块和水磨石板块面层的允许偏差应符合表19.7.2的规定。

预制板块面层允许偏差和检验方法 (mm) 表 19.7.2

项次	项 目	预制混凝土板块面层	水磨石板块面层	检 验 方 法
1	表面平整度	4	3.0	用2m靠尺和楔形塞尺检查
2	缝格平直	3	3.0	拉5m线和用钢尺检查
3	接缝高低差	1.5	1.0	用钢尺和楔形塞尺检查
4	板块间隙宽度	6.0	2.0	用钢尺检查
5	踢脚线上口平直	4.0	4.0	拉5m线和用钢尺检查

19.8 成品保护

19.8.1 路面铺好后,水泥砂浆终凝前不得上人,强度不够不准上重车行驶。

19.8.2 无马路牙子的路面,注意对路边混凝土块的保护,防止路边损坏。

19.8.3 不得在已铺好的路面上拌合混凝土或砂浆。

19.9 安全环保措施

19.9.1 严禁在道路上拌合砂浆。
19.9.2 搬运板块时,要注意不要砸脚。
19.9.3 铺完一块,清理一块。
19.9.4 板块等材料进现场要码放整齐。
19.9.5 为防砂尘影响,对砂堆进行覆盖。

19.10 质量记录

19.10.1 预制板块出厂证明及强度试压记录。
19.10.2 水泥出厂证明及复试报告。
19.10.3 砂子的试验报告。
19.10.4 地面工程板块分项工程检验批质量验收记录。
19.10.5 灰土垫层的压实度报告。

20 料石面层施工工艺标准

20.1 总则

20.1.1 适用范围

本工艺标准适用于广场地面，贮存笨重材料的仓库、耐磨蚀地面，室外台阶。

20.1.2 编制参考标准及规范

(1)《建筑工程施工质量验收统一标准》(GB 50300—2001)
(2)《建筑地面工程施工质量验收规范》(GB 50209—2002)
(3)《建筑地面设计规范》(GB 50037—96)

20.2 术语

20.2.1 面层

直接承受各种物理和化学作用的地面表面层，本工艺标准指料石面层。

20.2.2 结合层

面层与下一构造层相联结的中间层，包括水泥砂浆或沥青胶结料。

20.2.3 基层

面层下的构造层，包括水泥砂浆找平层、砂垫层等。

20.2.4 找平层

在基层上起平整、找坡或加强作用的构造层，包括水泥砂浆。

20.2.5 垫层

承受并传递地面荷载于基土上的构造层,主要为砂垫层。

20.3 基本规定

20.3.1 建筑地面采用料石为面层,料石为玄武岩、辉绿岩、花岗石等天然石材。进场的天然石材要求具有检测报告,其各项指标应符合国家现行行业标准《天然石材产品放射性防护分类控制标准》(JC 518)中的有关规定。

20.3.2 进场的水泥要求有出厂合格证,水泥、砂必须进行现场抽样检验。

20.3.3 地面下如有沟槽,暗管等工程,必须完工经检验合格并做完隐蔽验收,才可进行地面工程施工。基层和面层铺设,下一层检验合格后,方可进行上一层施工。

20.3.4 施工时,各层环境温度控制符合如下要求:
(1) 采用掺有水泥的拌合料铺设时不应低于5℃。
(2) 采用砂、石铺设时,不应低于0℃。

20.3.5 如设计需要镶边时,所有镶边必须选用同类石材。

20.4 施工准备

20.4.1 技术准备

(1) 根据设计要求和场地具体情况,绘制铺设大样图,确定料石铺设方式,石材选用尺寸和数量。

(2) 编制详细的施工方案和节点部位处理措施,然后由技术负责人向现场工长,质检员进行技术交底,现场工长向施工人员进行技术交底。

(3) 施工前选一块地面做出样板,经建设单位、监理单位、设计单位、施工单位几方共同验收合格后,才可进行大面积施工。

20.4.2 材料要求

(1) 采用的岩石质地均匀，无风化、无裂纹；

(2) 条石强度等级不少于MU60，形状为矩形六面体，厚度宜为80~120mm；

(3) 块石强度等级不少于MU30，形状接近于棱柱体或四边形、多边形，底面为截锥体，顶面粗琢平整，底面面积不宜小于顶面面积的60%。厚度为100~150mm；

(4) 水泥应采用硅酸盐水泥、普通硅酸盐水泥、矿渣硅酸盐水泥，强度等级不小于32.5级；

(5) 如要求面层为不导电面层时，面层石料应采用辉绿岩加工制成，填缝材料采用辉绿岩加工的砂；

(6) 砂：用于垫层、结合层和灌缝用的。砂宜用粗中砂，洁净无杂质，含泥量不大于3%；

(7) 水泥砂浆：如结合层用水泥砂浆，水泥砂浆由试验室出配合比；

(8) 沥青胶结料：（用于结合层）采用同类沥青与纤维，粉状或纤维和粉状混合的填充料配制，纤维填充料宜采用6级石棉和锯木屑，使用前应通过2.5mm筛孔的筛子，石棉含水率不大于7%，锯木屑的含水率不大于12%。粉状填充料采用磨细的石料，砂或炉灰、粉煤灰、页岩灰和其他的粉状矿物质材料，粒径不大于0.3mm。

20.4.3 主要机具

砂浆搅拌机、碾压机、板材切割机、手推车、铁锹、靠尺、水桶、铁抹子、木抹子、墨斗、钢卷尺、尼龙绳、橡皮锤、铁水平尺、砂轮锯、笤帚、钢錾子、弯角方尺。

20.4.4 作业条件

(1) 条石或块石进场后，按施工组织设计材料堆放区堆放材料，条石侧立堆放于场地平整处，并在条石下加垫木条。

块石按顶面对着顶面分层堆放，对材料进行检查，核对品种、颜色、规格、数量等是否符合设计要求，有裂纹、缺棱掉角，翘曲和表面有缺陷的应该剔除。

(2) 地面下的暗管、沟槽等工程，均已验收完毕，场地已平整。

(3) 已经绘制好铺设施工大样图，做完技术交底。

(4) 冬施时，温度满足如下规定：

1) 采用掺有水泥的拌合料铺设时不应低于5℃。

2) 采用砂、石铺设时，不应低于0℃。

20.5 材料和质量要点

20.5.1 材料的关键要求

(1) 材质应符合设计要求，条石的强度等级应大于MU60，块石的强度等级应大于MU30；

(2) 水泥强度等级不小于32.5级；

(3) 灌缝用砂子必须采用中粗砂，且洁净无杂质。

20.5.2 技术关键要求

(1) 做好放线大样图，按设计要求控制好标高及坡度；

(2) 基层必须均匀密实，表面不得有浮土、杂物、积水等；

(3) 铺筑块石面层时，块石间要力求靠紧，减少缝隙宽度，采用靠边用半块料石；

(4) 铺完后，必要时，用适当吨位型号的压路机碾压坚实稳固；

(5) 块石面层结合层，砂、石垫层厚度不少于60mm。

20.5.3 质量关键要求

(1) 所用材料必须符合设计要求及规范规定的合格材料；

(2) 面层通过结合层同基层结合牢固，无松动；

(3) 面层铺完后要求表面平整，缝格平直。

20.5.4 职业健康安全关键要求

(1) 所用的料石必须符合国家现行行业标准《天然石材产品放射性防护分类控制标准》(JC 518) 的有关规定。

(2) 搬运料石时，应采取措施，防止砸伤施工人员，所有机具必须检查合格后才可以使用。

(3) 用沥青胶粘剂，加热及铺设时，应带防护手套，以防烫伤施工人员。

20.5.5 环境关键要求

(1) 施工现场的环境温度应控制在 5℃ 以上。冬期施工时，原材料和操作环境温度不得低于 5℃，不得使用冻块的砂子。

(2) 切割石材的地点应采取防尘措施，适当洒水。

(3) 切割石材应安排在白天进行，并选择在较封闭的室内，防止噪声污染，影响周围环境。

(4) 水泥应入库存放，砂石露天堆放应加以苫盖，废料和粉尘应及时清理，放置指定地点，若临时堆放在现场，必要时还应进行覆盖，防止扬尘。

20.6 施 工 工 艺

20.6.1 工艺流程

(1) 条石工艺流程

准备工作 → 放线 → 试排 → 铺结合层 → 铺筑条石 → 填缝压实

(2) 块石工艺流程

准备工作 → 放线 → 铺砂垫层 → 试排 → 铺筑块石 → 嵌缝压实

20.6.2 操作工艺

(1) 准备工作

1) 所用的料石表面清洁干净。如果结合层为水泥砂浆，石料在铺砌前先浇水湿润。

2) 在料石面层铺设前，以施工大样图和加工单位为依据，熟悉了解各部位的尺寸和做法，弄清洞口，边角等部位之间的做法。

3）根据设计要求和场地形状大小，采用经纬仪，水准仪找好场地范围内的标高，坡度，定设控制点，大面积铺设时宜采用网格控制标高、坡度。

(2) 条石面层的铺设

1）放线

在基层上架设经纬仪，根据地面尺寸，条石尺寸及铺砌形式在基层上分格。铺砌形式根据地面尺寸及建设单位要求确定。常用形式有四种：横行排列，纵向或横向人字排列，斜45°排列。

2）基层处理

将地面垫层上的杂物清理干净，用钢丝刷刷掉粘在基层上的砂浆块，并用笤帚清扫干净。

3）铺砌条石

按照条石规格尺寸分类，在垂直于行走方向拉线铺砌成行，在纵向，横向设置样墩拉线，控制地面标高和条石行距，条石铺砌后，横缝平直，纵缝横错尺寸应是条石长边的1/3～1/2，不得出现十字缝，因此每隔一排的靠边条石均用半块镶砌。地面坡度符合设计要求。

4）填缝压实

结合层为砂时，缝隙宽度不宜大于5mm，铺砌后，先撒砂填缝，并洒水使其下沉，然后先用6～8t、后用10～12t压路机碾压2～3遍，使石块达到坚实稳定为止，然后开始嵌缝。如石料间缝隙采用水泥砂浆或沥青胶结材料嵌缝时，应预先用砂填缝至1/2高度，而后用水泥砂浆或沥青胶结料填缝抹平。

结合层为水泥砂浆时，石料间缝隙用同类水泥砂浆嵌缝抹平，缝隙宽度不应大于5mm。用水泥砂浆嵌缝，应洒水养护7d以上。

结合层为沥青胶结料时，基层应为水泥砂浆或水泥混凝土找平层，找平层表面应洁净，干燥，其含水率不大于9%，在找平层表面涂刷基层处理剂一昼夜后开始铺设面层，铺贴时应在推铺热沥青胶结料后随即进行，并应在沥青胶结料凝结前完成。缝隙宽度不大于5mm，缝隙用胶结料填满，然后表面撒上薄薄一层砂。

（3）块石面层铺设

1）放线

根据地面尺寸，划分施工段，将施工分成格子，设置样墩、拉线、控制标高、坡度。考虑块石压实后沉落的深度，应预留15~35mm。

2）摊铺砂垫层

将基层上的浮土、杂物清理干净，平整，即可铺砂垫层，先虚铺50~200mm，用尺耙子耙平，然后边铺砂垫层边铺块石。

3）铺砌块石

块石的平整大面朝上，使块石嵌入砂垫层，嵌入深度为块石厚度的1/3~1/2。铺砌的块石力求互相靠紧，缝隙相互错开，通缝不得超两块。

在坡道上铺砌块石，应由坡角向坡顶方向进行；在窨井和雨水口周围铺砌块石，要选用坚实、方正、表面平整较大的块石，将块石的长边沿着井口边缘铺砌。

4）嵌缝压实

块石地面铺砌一段，对地面的质量即进行校正，发现有较大缝隙后用片石嵌塞，片石粒径为15~25mm，遇到有突出或凹陷的石块，则挖出修整重铺。然后用砂灌缝，用橡皮板刮灌或笤帚扫墁，直到填满缝隙为止。

填满缝隙后，洒水使其下沉后用6~8t和10~12t的压路机先后分别碾压2~3遍，地面边缘碾压不到的地段，用木夯夯实，碾压或夯实至无松动石块和印痕为止。由于砂垫层沉落，石块间会产生空隙，再补填缝材料至完全满缝密实。

20.7 质量标准

20.7.1 主控项目

（1）面层材质应符合设计要求：条石的强度等级不小于

MU60，块石的强度等级不小于MU30。

检验方法：观察检查和检查材质证明文件及检测报告。

（2）面层与下一层应结合牢固，无松动。

检验方法：观察检查和用锤击检查。

20.7.2 一般项目

（1）条石面层应组砌合理，无十字缝，铺砌方向和坡度应符合设计要求，块石面层石料缝隙，应相互错开，通缝不得超过两块石料。

检验方法：观察和用坡度尺检查

（2）允许偏差符合表20.7.2的规定：

料石面层的允许偏差和检验方法　　　　表 20.7.2

项次	项目	允许偏差（mm）		检验方法
		条石面层	块石面层	
1	表面平整度	10.0	10.0	用2m靠尺和楔形塞尺检查
2	缝格平直	8.0	8.0	拉5m线和用钢尺检查
3	接缝高低差	2.0		用钢尺和楔形塞尺检查
4	板块间缝隙度	5.0		用钢尺检查

20.8 成品保护

20.8.1 运输料石和砂、石料、水泥砂浆时，要注意采取措施防止对地面基层和已完成的工程造成碰撞、污染等破坏。

20.8.2 运输和堆放时，要注意避免对条石的棱角，块石的大面造成破坏，影响铺砌美观。

20.8.3 对用砂做结合层的料石面层待碾压、夯击密实后，才可上人行走，对用水泥砂浆做结合层和嵌缝材料的料石面层待养护期满后才可上人行走。

20.8.4 用水泥砂浆或沥青胶结料做结合层或嵌缝材料时，要注意防止污染料石表面，以免影响美观，如发生污染必须及时采取措施清理干净。

20.9 安全环保措施

20.9.1 安全措施

（1）作业区周围设防护栏杆，并设置明显的安全标志，防止非施工人员进入。施工人员进入现场必须进行安全教育。

（2）现场临时用电采用三相五线制，并由专业电工负责布置，由专业安全员验收。

（3）现场所用机械在使用前必须经过检查验收，合格后才可以使用，使用期间作好机械的保养、维修工作，提高现场机械设备的完好率。吊运材料的吊具必须安全可靠。

（4）建立消防制度，消防器具布置合理，保证完好，使用方便，对每个职工进行消防教育，并设有专职消防员。

（5）易燃易爆物品统一设置仓库。使用明火必须申请，经过有关部门批准方可。

20.9.2 环境保护措施

（1）所有材料运至工地按平面布置图要求堆放整齐，所用材料运输途中应苫盖严密，防止对环境、道路造成污染。

（2）运输车辆进出现场必须清理干净，确保路面清洁。

（3）施工现场设专人负责洒水和清扫工作，保证现场整洁、无尘。

20.10 质量记录

20.10.1 料石出厂质量证明书（包括放射性指标）。

20.10.2 水泥出厂质量证明书，复试报告。

20.10.3 砂子检验报告。

20.10.4 水泥砂浆配合比通知单和强度试验报告。

20.10.5 沥青胶结料配合比，出厂合格证和复试报告。
20.10.6 本地面工程检验批质量验收记录。

21 塑料地板面层施工工艺标准

21.1 总　　则

21.1.1　适用范围
本标准适用于工业与民用建筑铺贴塑料板面层地面。
21.1.2　编制参考标准规范
（1）《建筑工程施工质量验收统一标准》（GB 50300—2001）
（2）《建筑地面工程施工质量验收规范》（GB 50209—2002）
（3）《建筑地面设计规范》（GB 50037—96）
（4）《民用建筑工程室内环境污染控制规范》（GB 50325—2001）

21.2 术　　语

21.2.1　建筑地面
建筑物底层地面（地面）和楼层地面（楼面）的总称。
21.2.2　面层
直接承受各种物理和化学作用的建筑地面表面层。
21.2.3　基层
面层下的构造层，包括混凝土、水泥砂浆、地砖等基层。

21.3 基本规定

21.3.1　所有进场材料必须进行进场报验，具备材料出厂质量证明文件。

21.3.2 胶粘剂使用应符合现行国家标准《民用建筑工程室内环境污染控制规范》(GB 50325—2001) 的有关规定,其产品按基层材料和面层材料使用的相容性要求,通过试验确定。胶粘剂存放在阴凉、通风、干燥的室内。

21.3.3 塑料地板铺贴前必须进行脱脂除蜡处理。

21.3.4 塑料板或卷材应防止日晒雨淋和撞击,应存放在干燥、洁净的库房里,并远离热源,室内贮存温度控制在32℃。

21.3.5 基层应干燥,水泥混凝土类地面含水率不大于9%。

21.3.6 施工温度控制在15~30℃,相对湿度不高于80%。

21.3.7 大面积铺贴前,应先作样板间,检查胶粘剂等材料质量和操作质量。

21.3.8 塑料板采用粘结时,接口处做成同向顺坡,搭接长度不小于30mm;采用焊接时,做成"V"形坡口。见图21.3.8

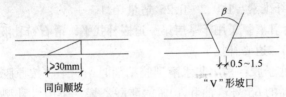

图 21.3.8 接缝坡口处理

21.4 施工准备

21.4.1 技术准备

(1) 绘制大样图,确定塑料板铺贴形式,整块塑料板用量和边角用料尺寸和数量。

(2) 已做好样板间,并经建设单位、监理单位、设计单位、施工单位共同检验合格。

(3) 对工长及操作人员的技术交底作业已完成。

21.4.2 材料要求

(1) 材料品种、规格

1) 塑料地板：主要品种有聚氯乙烯塑料地板块、地板、卷材和氯化聚乙烯卷材等，厚度 1.5~6mm。

2) 胶粘剂：包括水乳型和溶剂型两类，可采用聚醋酸乙烯乳液、氯丁橡胶型、聚氨酯、环氧树脂等。

3) 焊条：宜选用等边三角形或圆形截面。

4) 水泥乳胶：配合比为 水泥:108胶:水 = 1:0.5~0.8:6~8，主要用于涂刷基层表面，增强整体性和胶结层的粘结力。

5) 腻子：有石膏液腻子和滑石粉乳液腻子，石膏腻子配合比（重量比）为：石膏:土粉:聚醋酸乙烯乳液:水 = 2:2:1:适量，滑石粉乳液腻子配合比（重量比）为滑石粉:聚醋酸乙烯乳液:水:羧甲基纤维素 = 1:0.2~0.25:适量:0.1。

石膏乳液腻子用于基层第一道嵌补找平，滑石粉乳液腻子用于基层第二道修补找平。

6) 底子胶：采用非水溶型胶粘剂时，底子胶按原胶粘剂重量加 10% 的 65 号汽油和 10% 的醋酸乙烯，采用水乳型胶粘剂时，适当加水稀释。

7) 脱脂剂：一般采用丙酮与汽油（1:8）混合液。

(2) 质量要求

1) 塑料板表面要平整、光洁、色泽均匀、图案完整，厚度一致，边缘平直，无气泡，无裂纹，质量证明文件齐全。

2) 胶粘剂要求速干，粘结强度高，而排水性能好，施工方便的产品。

3) 焊条表面平整光洁，无孔眼、节瘤、皱纹、颜色均匀一致，且焊条成分和性能必须与被焊板块相同。

4) 乳液、乳胶腻子，底子胶按设计配合比配制。

21.4.3 主要机具

见表 21.4.3。

塑料地板施工常用机具一览表　　　表21.4.3

项次	机具名称	机具使用范围			机具用途
		铺贴塑料板	铺贴、焊接塑料板	铺贴塑料卷材	
1	齿形刮板	+	+		涂刮胶粘剂
2	化纤滚筒			+	滚涂胶粘剂
3	橡皮滚筒	+	+	+	滚压密实
4	割刀或多用刀	+	+	+	切割塑料板材
5	油灰刀	+	+	+	修补基层
6	橡皮锤	+	+		敲击板面密实平整
7	粉线包	+	+	+	弹线
8	砂袋（8～10kg，不允许漏砂）	+	+		压板平伏
9	小胶桶	+	+	+	盛胶粘剂
10	塑料勺	+	+	+	洒涂胶粘剂
11	剪刀			+	裁剪卷材
12	钢板尺（长80cm）			+	切割时压边
13	油漆刷	+	+	+	刷涂底胶等
14	调压变压器（容量2kVA）		+		焊接
15	空气压缩机（排气量0.6m³/min）		+		焊接
16	焊枪（嘴内径φ5～6mm）		+		焊接
17	坡口直尺		+		焊缝坡度
18	木工刨刀	+	+	+	剃平焊缝
19	擦布	+	+	+	擦掉余胶
20	软布	+	+	+	上光打蜡

注："+"表示根据铺贴方式选定的机具。

21.4.4 作业条件

(1) 墙面和顶棚装饰工程已完，水、电、暖通等安装工程已安装调试完毕，并验收合格；尽量减少与其他工序的穿插，以防止损坏污染板面。

(2) 基层干燥洁净，含水率不大于9%。

(3) 墙体踢脚处预留木砖位置已标出。

21.5 材料和质量要点

21.5.1 材料的关键要求

(1) 塑料板块和卷材的品种、规格、颜色、等级必须符合设计要求和现行国家标准的规定。

(2) 胶粘剂必须根据面料和基层选用通过国家技术鉴定和有产品合格证的产品。

(3) 基层处理乳液、乳胶腻子和底胶必须按设计配合比配制，并搅拌均匀。

(4) 焊条成分和性能要与被焊塑料板相同。

(5) 严禁使用过期变质的材料。

21.5.2 技术关键要求

(1) 施工前，技术人员必须对操作人员进行技术交底。

(2) 对整个房间尺寸进行实测实量，根据实际尺寸确定铺贴形式设计方案以及整料、边角料的数量。

(3) 大面积铺贴前，应做好样板间，检验胶粘剂等材料质量和施工质量，经建设单位、监理单位、施工单位共同验收合格后，方准大面积铺贴。

21.5.3 质量关键要求

(1) 塑料地板容易发生以下质量问题：

1) 面层空鼓，塑料板颜色深浅不一，软硬不一。

2) 面层凹凸不平，板块错缝，板块高低差超过允许范围。

3) 塑料板面不洁净。

4）焊缝焦化变色，有斑点，焊瘤和起鳞。

(2) 针对以上质量问题，在操作中应符合以下质量要求：

1) 基层表面要坚硬、平整、光滑、无油脂及其他杂物，对起砂、空鼓、麻面、空隙等缺陷的基层应进行修补找平，符合要求。

2) 塑料板应待稀释剂挥发后再进行粘贴，塑料贴面上胶粘剂应满涂，四边不漏涂。

3) 塑料板在粘贴前应做除蜡脱脂处理。

4) 同房间、同一部位应用同一品牌、同一批号的塑料板，防止不同品种、不同批号的塑料板混用。

5) 控制施工温度，一般以 15～30℃ 为宜。

6) 塑料板块铺贴前，应挑板，尺寸误差较大的塑料板，应剔出不用。

7) 基层与塑料板涂刮的胶粘剂应薄而均匀，厚度控制在 1mm 左右，且涂刮方向应纵横相交，保证胶层均匀和防止胶液外溢过多，同时外溢胶液应及时清理干净。

8) 拼缝的坡口切割时间不宜过早，切割后应严格防止脏物玷污。

9) 焊接施工前，应先检查压缩空气是否是纯洁。

10) 掌握好焊枪气流温度和空气压力值，一般空气温度控制在 180～250℃，空气压力值控制在 80～100kPa。

11) 喷嘴与地面夹角不应小于 25°，以 25°～30° 为宜。距离焊条与板缝以 5～6mm 为宜。

21.5.4 职业健康安全关键要求

(1) 所用材料必须符合现行国家标准《民用建筑工程室内环境污染控制规范》(GB 50325—2001) 的规定。

(2) 塑料板采用预热处理时，操作人员应采取防护隔热措施，防止热水烫伤。

(3) 操作人员施工时应戴防毒口罩。

(4) 焊接塑料板时，严禁焊枪对准人，以防被热空气灼伤。

(5) 所用电气设备使用前应先检查是否正常运转，经检查符合要求后，方能使用。

(6) 铺设塑料板时房间内应通风良好，便于有害气体的排除。

21.5.5 环境关键要求

施工时，房间内温度控制在 15～30℃，湿度 80% 以下，且室内不得有粉尘。

21.6 施工工艺

21.6.1 工艺流程

(1) 胶粘铺贴法

基层处理 → 弹线 → 试铺 → 刷底子胶 → 铺贴塑料板 → 铺贴塑料踢脚 → 擦光上蜡 → 成品保护

(2) 焊接铺贴法

基层处理 → 分格弹线 → 试铺 → 刷底子胶 → 铺贴塑料板 → 作焊缝坡口 → 施焊 → 焊缝切割、修整 → 擦光上蜡 → 成品保护

21.6.2 操作工艺

(1) 基层处理

1) 清扫干净：将基层表面的灰尘、砂粒、垃圾等清扫干净。

2) 基层修补：基层表面平整度偏差用 2m 靠尺检查不得大于 2mm，表面有蜂窝麻面、孔隙（洞）时，应用石膏乳液腻子修补平整，并刷一道石膏乳液腻子找平，然后刷一道滑石粉乳液腻子，第二次找平。

3) 涂刷一道水泥乳液，增强基层整体性和胶结层的粘结力。

4) 如基层为地砖、水磨石、水泥旧地面时，应用 10% 火碱清洗基层，晾干擦净，对表面平整不符合要求时，用磨平机磨平，当水泥地面有质量缺陷时应按照 2)、3) 处理。

(2) 弹线

按施工前绘制的大样图和铺贴形式。在基层上弹出十字中心线（正铺）或对角十字线（斜铺），纵横分格，间隔2~4块板弹一道线，用以控制板的位置和接缝顺直；排列后周边出现非整块时，要设置边条，并弹出边线的位置；当四周有镶边要求时，要弹出镶边位置线，镶边宽度宜200~300mm；由地面往上量踢脚板高度，弹出踢脚板上口控制线。

弹线的线痕必须清楚准确。

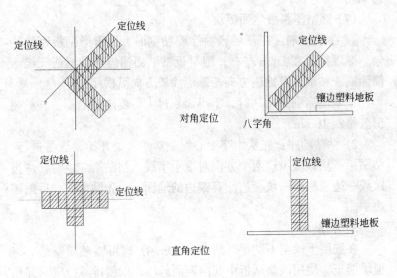

图 21.6.2-1 定位方法

(3) 塑料板预热处理

将每张塑料板放进75℃左右的热水中浸泡10~20min，然后取出平放在待铺贴的房间内24h，晾干待用。

(4) 塑料板的脱脂除蜡

塑料板铺贴前，将粘贴面用细砂纸打磨或用棉砂蘸丙酮与汽油1:8的混合液擦拭，进行脱脂除蜡处理，以保证塑料板与基层的粘结牢固。

(5) 试铺

在铺贴塑料板块前，应按定位图和弹线位置进行试铺，试铺合格后，按顺序编号，然后将塑料板掀起按编号放好。

(6) 刷底子胶

底子胶按原胶粘剂（溶剂型）的重量加10%的汽油（65号）和10%的醋酸乙烯配制，当采用水乳型胶粘剂时，加适量的水稀释，底子胶应充分搅拌均匀后使用。

底子胶采用油漆刷涂刷，涂刷要均匀一致，越薄越好，且不得漏刷。

(7) 铺贴塑料板地面板块

1) 涂胶粘剂：在基层表面涂胶粘剂时，用齿形刮板刮涂均匀，厚度控制在1mm左右；塑料板粘贴面用齿形刮板或纤维滚筒涂刷胶粘剂，其涂刷方向与基层涂胶方向纵横相交。

在基层涂刷胶粘剂时，不得面积过大，要随贴随刷，一般超出分格线10mm。

2) 粘贴顺序：先从十字中心线或对角线处开始，逐排进行。粘贴第一块板应纵横两个方向对准十字线，粘贴第二块时，一边跟线一边紧靠第一块板边。有镶边的地面，应先贴大面，后贴镶边。

3) 粘贴

在胶层干燥至不粘手（约10～20min）即可铺贴塑料板。将板块摆正，使用滚筒从板中间向四周赶压，以便排除空气，并用橡皮锤敲实，发现翘边翘角时，可用砂袋加压。

粘贴时挤出的余胶要及时擦净，粘贴后在表面残留的胶液可使用棉纱蘸上溶剂擦净，水溶型胶粘剂用棉布擦去。

4) 焊接塑料板

塑料板粘贴48小时后，即可施焊。

塑料板拼缝处做V型坡口，根据焊条规格和板厚确定坡口角度β，板厚10～20mm时，$\beta=65°\sim75°$；板厚2～8mm时，$\beta=75°\sim85°$。采用坡口直尺和割刀进行坡口切割，坡口应平直，宽窄和角度应一致，同时防止脏物污染。

软质塑料板粘贴后相邻板的边缘切割成 V 形坡口，做小块试焊。采用热空气焊，空气压力控制在 0.08~0.1MPa，温度控制在 200~250℃。确保焊接质量，在施焊前检查压缩空气的纯洁度，向白纸上喷射 20~30s，无水迹、油迹为合格，同时用丙酮将拼缝焊条表面清洗干净，等待施焊。

施焊时，按 2 人一组，1 人持焊枪施焊，1 人用压棍推压焊缝。施焊者左手持焊条，右手焊枪，从左向右施焊，用压棍随即压紧焊缝。

焊接时，焊枪的喷嘴、焊条和焊缝应在同一平面内，并垂直于塑料板面，焊枪喷嘴与地板的夹角宜 30°左右，喷嘴与焊条、焊缝的距离宜 5~6mm 左右，焊枪移动速度宜 0.3~0.5m/min。

焊接完后，焊缝冷却至室内常温时，应对焊缝进行修整。用刨刀将突出板面部分（约 1.5~2mm）切削平。操作时要认真仔细，防止将焊缝两边的塑料板损伤。

当焊缝有烧焦或焊接不牢的现象时，应切除焊缝，重新焊接。

(8) 塑料卷材铺贴

1) 按已确定的卷材铺贴方向和房间尺寸裁料，并按铺贴的顺序编号。

2) 铺贴时应按照控制线位置将卷材的一端放下，逐渐顺着所弹的尺寸线放下铺平，铺贴后由中间往两边用滚筒赶平压实，排除空气，防止起鼓。

3) 铺贴第二层卷材时，采用搭接方法，在接缝处搭接宽度 20mm 以上，对好花纹图案，在搭接层中弹线，用钢板尺压在线上，用割刀将叠合的卷材一次切断。

(9) 踢脚板的铺贴

地面铺贴完再粘贴踢脚板。踢脚塑料板与墙面基层涂胶同地面。

首先将塑料条钉在墙内预留的木砖上，钉距约 40~50cm，然后用焊枪喷烤塑料条，随即将踢脚板与塑料条粘结。

阴角塑料踢脚板铺贴时，先将塑料板用两块对称组成的木模顶压在阴角处，然后取掉一块木模，在塑料板转折重叠处，划出剪裁线，剪裁合适后，再把水平面45°相交处裁口焊好，作成阴角部件，然后进行焊接或粘结。

阳角踢脚板铺贴时，在水平封角裁口处补焊一块软板，作成阳角部件，然后进行焊接或粘结。

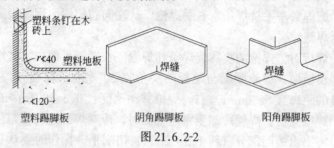

图 21.6.2-2

（10）擦光上蜡

铺贴好塑料地面及踢脚板后，用墩布擦干净，晾干。用软布包好已配好的上光软蜡，满涂1～2遍，光蜡重量配合比为软蜡：汽油＝100:20～30，另掺1%～3%与地板相同颜色的颜料，待稍干后，用干净的软布擦拭，直至表面光滑光亮为止。

21.7 质量标准

21.7.1 主控项目

（1）板面层所用的塑料板和卷材的品种、规格、颜色、等级符合设计要求和现行国家标准的规定。

检查方法：观察检查和检查材质证明合格文件及检验报告。

（2）塑料板面层与基层的粘结应牢固，不翘边、不脱胶、无溢胶。

检查方法：观察检查和用敲击及钢尺检查。

注：卷材局部脱胶处面积不应大于$20cm^2$，且相隔间距不小于500mm。

凡单块板块料边角局部脱胶处,每个自然间不得超过总数的5%。

21.7.2 一般项目

(1) 塑料板面层应表面洁净,图案清晰,色泽一致,接缝严密、美观。拼缝处的图案、花纹吻合,无胶痕;与墙边交接严密,阴阳角收边方正。

检查方法:观察检查。

(2) 板块的焊接,焊缝应平整、光洁,无焦化变色,斑点,焊瘤和起鳞等缺陷,其凹凸允许偏差为±0.6mm,焊缝对拉强度不得小于塑料板强度的75%。

检查方法:观察检查和检查检验报告。

(3) 镶边用料应尺寸准确、边角整齐,拼缝严密,接缝顺直。

检查方法:用钢尺和观察检查。

(4) 塑料板面层允许偏差和检查方法,见表21.7.2。

塑料板面层允许偏差和检查方法　　表21.7.2

项次	项目	允许偏差(mm)	检验方法
1	表面平整度	2.0	用2m靠尺和楔形塞尺检查
2	缝格平直	3.0	拉5m线,不足5m拉通线和尺量检查
3	踢脚线上口平直	2.0	拉5m线,不足5m拉通线和尺量检查
4	接缝高低差	0.5	尺量和楔形塞尺检查

21.8 成品保护

21.8.1 塑料地面铺贴完毕,应及时用塑料薄膜覆盖保护,以防污染。

21.8.2 塑料地面铺贴完毕后,房间设专人看管,非工作人员严禁入内;必须进入室内工作时,应穿拖鞋。

21.8.3 当房内使用木梯、凳子时,梯脚下、凳子腿下端头应包泡沫塑料或软布,防止划伤地面。

21.8.4 严禁60℃以上的热源直接接触塑料地面,以防止地板变形、变色。

21.8.5 塑料板上的油污宜用肥皂水擦洗,不得用热水或碱水擦洗。

21.8.6 塑料地面铺贴完毕后,严禁尖锐的金属工具碰触地面,在地面上堆放物体时应设置垫块,以免地板产生凹陷变形。

21.9 安全环保措施

21.9.1 地面所用塑料板,胶粘剂等材料必须符合国家标准规定。尤其胶粘剂必须符合《民用建筑工程室内污染控制规范》(GB 50325—2001)中的规定。

21.9.2 在塑料板预热处理和焊接时,操作人员应采取隔热措施,防止被热水或热空气烫伤。

21.9.3 易燃材料应与其他材料分开,隔离存放,远离热源,并做明显的防火标识。

21.9.4 地板铺贴时和铺贴后,房间应适当通风,防止有害气体在室内集积过多,影响健康。

21.9.5 电动工具必须安装漏电保护装置,使用时应经试运转合格后,方可使用。

21.10 质量记录

21.10.1 塑料板块或卷材的出厂质量证明书和检测报告。

21.10.2 胶粘剂出厂质量证明文件和试验记录。

21.10.3 焊条出厂证明书,焊缝强度检测报告。

21.10.4 地面分项工程板块面层工程检验批质量验收记录。

22 活动地板面层施工工艺标准

22.1 总 则

22.1.1 适用范围

本标准主要用于计算机房、变电控制室、程控交换机房、自动化控制室、电视发射台等场所有防尘、防静电、防火要求的地板铺设。

22.1.2 编制参考标准及规范

(1)《建筑工程施工质量验收统一标准》(GB 50300—2001)
(2)《建筑地面工程施工质量验收规范》(GB 50209—2002)
(3)《建筑地面设计规范》(GB 50037—96)
(4)《民用建筑工程室内环境污染控制规范》(GB 50325—2001)

22.2 术 语

22.2.1 建筑地面

建筑物底层地面(地面)和楼层地面(楼面)的总称。

22.2.2 面层

直接承受各种物理和化学作用的建筑地面表面层。

22.2.3 结合层

面层与下一构造层相联结的中间层。结合层也可作为面层的弹性基层。

22.2.4 基层

面层下的构造层,包括填充层、隔离层、找平层、垫层和基土等。

22.3 基本规定

活动地板的铺设应符合设计要求，当设计无要求时，宜避免出现板块小于1/4边长的边角料。施工前应根据板块大小，结合房间尺寸进行排板设计。

22.4 施工准备

22.4.1 技术准备

（1）进行图纸会审，复核设计做法是否符合现行国家规范的要求。

（2）对于设计所选用标准图等的做法如与本标准做法差别较大，不易保证质量时，应与设计单位协商，尽量采用本标准的做法。

（3）施工前应有施工方案，并先做样板间，再经过详细的技术交底，方可大面积施工。

22.4.2 材料准备

活动地板面层是用于防尘和防静电要求的专业用房的建筑地面工程。采用特制的平压刨花板为基材，表面饰以装饰板和底层用镀锌板经粘结胶合组成的活动地板块，配以横梁、橡胶垫条和可供调节高度的金属支架组装成架空板铺设在水泥类面层（或基层）上。活动地板块共有三层，中间一层是25mm左右厚的刨花板，面层采用柔光高压三聚氰胺装饰板1.5mm厚粘贴，底层粘贴一层1mm厚镀锌钢板，四周侧边用塑料板封闭或用镀锌钢板包裹并以胶条封边。常用规格为600mm×600mm和500mm×500mm两种。

（1）活动地板表面要平整、坚实，并具有耐磨、耐污染、耐老化、防潮、阻燃和导静电等特点。

(2) 活动地板面层包括标准地板、异形地板和地板附件（即支架和横梁组件）。采用的活动地板块应平整、坚实，面层承载力不得小于 7.5MPa，其系统电阻：A 级板为 $1.0\times10^5 \sim 1.0\times10^8\Omega$；B 级板为 $1.0\times10^5 \sim 1.0\times10^{10}\Omega$。

(3) 各项技术性能与技术指标应符合现行的有关产品标准的规定。

(4) 活动地板块包括标准地板和异形地板。异形地板有旋流风口地板、可调风口地板、大通风量地板和走线口地板。

(5) 支承部分：支承部分由标准钢支柱和框架组成，钢支柱采用管材制作，框架采用轻型槽钢制成，支承结构有高架（1000mm）和低架（200、300、350mm）两种。作为地板附件应包括支架组件和横梁组件。

22.4.3 主要机具

各类型扳手、切割机、墨斗、水平尺、水平仪、塔尺、直尺、尼龙线和锤子。

22.4.4 作业条件

(1) 楼（地）面基层混凝土或水泥砂浆已达到设计要求，表面平整度验收合格。

(2) 室内湿作业已全部完工，预埋件已预埋好。

(3) 室内地板下的管线敷设完毕，并验收合格。

(4) 各房间长宽尺寸按设计核对无误。

(5) 面板块、桁条、可调支柱、底座等分类清点码放备用。

(6) 室内各项工程完工和超过地板块承载力的设备进入房间预定位置以及相邻房间内部也全部完工。

22.5 材料和质量要点

22.5.1 材料的关键要求

(1) 取样规则和数量

1) 活动地板的规格尺寸及外观质量，由厂家质量检验部门进行普检，在成批交付产品时，在每批中抽取3%（不得少于20张）逐张进行尺度检查和外观质量检验，如合格率低于95%，应加倍抽样复验，如复验合格率仍低于95%时，则应对该批产品进行逐张检验。

2）活动地板的物理力学性能检验，应在每批提交的产品中，任意抽取1%（不少于3张）进行检验。

(2) 检验内容：尺寸检量、翘曲度、邻边垂直度、集中荷载、抗静电性能等项检验。

(3) 保管要求

1）防止地板板面受损伤，避免污染，产品应储存在清洁、干燥的包装箱中，板与板之间应放软垫隔离层，包装箱外应结实耐压。

2）产品运输时，应防止雨淋，日光暴晒，并须轻拿轻放，防止磕碰。

22.5.2 技术关键要求

(1) 活动地板施工时要保证地板尺寸、规格一致，不使铺贴过程缝隙控制线失去作用，施工时应注意规格尺寸的检查和板块的切割，以免造成相邻板块之间、板块与四周墙面间隙过大。

(2) 要注意桁条（搁珊）平整度偏差，铺贴前应对桁条（搁栅）表面平整度进行检查验收，水平度、平整度不符合要求的应及时处理，以免造成表面平整度偏差过大。

22.5.3 质量关键要求

(1) 活动地板所有的支座柱和横梁应构成框架一体，并与基层连接牢固；支架抄平后高度应符合设计要求。

(2) 活动地板面层的金属支架应支承在现浇水泥混凝土基层（或面层）上，基层表面应平整、光洁、不起灰。

(3) 活动板块与横梁接触搁置处应达到四角平整、严密。

(4) 当活动地板不符合模数时，其不足部分在现场根据实际尺寸将板块切割后镶补,并配装相应的可调支撑和横梁。切割边不经处理不得镶补安装,并不得有局部膨胀变形情况。

(5) 活动地板在门口处或预留洞口处应符合设置构造要求,四周侧边应用耐磨硬质板材封闭或用镀锌钢板包裹,胶条封边应符合耐磨要求。

22.5.4 职业健康安全关键要求

职业健康安全的关键要求主要包括施工现场防火、操作环境的安全措施等内容。(详见本章 22.9 中内容)。

22.5.5 环境关键要求

环境的关键要求主要是对工程废水、大气污染、噪声污染、固体废弃物等方面的控制。(详见本章 22.9 中内容)。

22.6 施 工 工 艺

22.6.1 工艺流程

基层清理 → 弹支柱(架)定位线 → 测水平 → 固定支柱(架)底座 → 安装桁条(搁栅) → 仪器抄平、调平 → 铺设活动地板

22.6.2 操作工艺

(1) 基层清理

基层上一切杂物、尘埃清扫干净。基层表面应平整、光洁、干燥、不起灰。安装前清扫干净,并根据需要,在其表面涂刷 1~2 遍清漆或防尘剂,涂刷后不允许有脱皮现象。

(2) 弹线

1) 按设计要求,在基层上弹出支柱(架)定位方格十字线,测量底座水平标高,将底座就位。同时,在墙四周测好支柱(架)水平线。

2) 铺设活动地板面层前,室内四周的墙面应设置标高控制

位置，并按选定的铺设方向和顺序设基准点。在基层表面上按板块尺寸弹线形成方格网，标出地板块的安装位置和高度，并标明设备预留部位。

(3) 安装支柱架

1) 将底座摆平在支座点上，核对中心线后，安装钢支柱（架），按支柱（架）顶面标高，拉纵横水平通线调整支柱（架）活动杆顶面标高并固定。再次用水平仪逐点抄平，水平尺校准支柱（架）托板。

2) 为使活动地板面层与走道或房间的建筑地面面层连接好，应通过面层的标高选用金属支架型号。

3) 活动地板面层的金属支架应支承在现浇混凝土基层上。对于小型计算机系统房间，其混凝土强度等级不应小于C30；对于中型计算机系统的房间，其混凝土强度等级不应小于C50。

(4) 安装桁条（搁栅）

1) 支柱（架）顶调平后，弹安装桁条（搁栅）线，从房间中央开始，安装桁条（搁栅）。桁条（搁珊）安装完毕，测量桁条（搁栅）表面平整度、方正度至合格为止。

2) 底座与基层之间注入环氧树脂，使之垫平并连接牢固，然后复测再次调平。如设计要求桁条（搁栅）与四周预埋铁件固定时，可用连板与桁条用螺栓连接或焊接。

3) 先将活动地板各部件组装好，以基准线为准，按安装顺序在方格网交点处安放支架和横梁，固定支架的底座，连接支架和框架。在安装过程中要随时抄平，转动支座螺杆，调整每个支座面的高度至全室等高，并使每个支架受力均匀。

4) 在所有支座柱和横梁构成的框架成为一体后，应用水平仪抄平。然后将环氧树脂注入支架底座与水泥类基层之间的空隙内，使之连接牢固，亦可用膨胀螺栓或射钉连接。

(5) 安装活动地板

1) 在桁条（搁栅）上按活动地板尺寸弹出分格线，按线安装，并调整好活动地板缝隙使之顺直。

2）铺设活动地板面层的标高，应按设计要求确定。当房间平面是矩形时，其相邻墙体应相互垂直；与活动地板接触的墙面的缝应顺直，其偏差每米不应大于2mm。

3）根据房间平面尺寸和设备等情况，应按活动地板模数选择板块的铺设方向。当平面尺寸符合活动地板块模数，而室内无控制柜设备时，宜由里向外铺设；当平面尺寸不符合活动地板模数时，宜由外向里铺设。当室内有控制柜设备且需要预留洞口时，铺设方向和先后顺序应综合考虑选定。

4）在横梁上铺放缓冲胶条时，应采用乳液与横梁粘合。当铺设活动地板块时，从一角或相邻的两个边依次向外或另外二个边铺装活动地板。为了铺平，可调换活动地板板块位置，以保证四角接触处平整、严密，但不得采用加垫的方法。

（6）当铺设的活动地板不符合模数时，可根据实际尺寸将板面切割后镶补，并配装相应的可调支撑和横梁。

（7）四周侧边应用耐磨硬质板材封闭或用镀锌钢板包裹，胶条封边应耐磨。

对活动地板块切割或打孔时，可用无齿锯或钻加工，但加工后的边角应打磨平整，采用清漆或环氧树脂胶加滑石粉按比例调成腻子封边，或用防潮腻子封边，亦可采用铝型材镶嵌封边。以防止板块吸水、吸潮，造成局部膨胀变形。

（8）在与墙边的接缝处，原则上宜加竹木踢脚。

（9）通风口处，应选用异形活动地板铺贴。

（10）活动地板下面需要装的线槽和空调管道，应在铺设地板前先放在建筑地面上，以便下步施工。

（11）活动地板块的安装或开启，应使用吸板器或橡胶皮碗，并做到轻拿轻放。不应采用铁器硬撬。

（12）在全部设备就位和地下管、电缆安装完毕后，还应抄平一次，调整至符合设计要求，最后将板面全面进行清理。

22.7 质量标准

22.7.1 主控项目

(1) 面层材质必须符合设计要求,且应具有耐磨、防潮、阻燃、耐污染、耐老化和导静电等特点。

检验方法:观察检查和检查材质合格证明文件及检测报告。

(2) 活动地板面层应无裂纹、掉角和缺楞等缺陷。行走无声响、无摆动。

检验方法:观察和脚踩检查。

22.7.2 一般项目

(1) 活动地板面层应排列整齐、表面洁净、色泽一致、接缝均匀、周边顺直。

检验方法:观察检查。

(2) 活动地板面层的允许偏差及检查方法应符合表22.7.2的规定。

活动板面层允许偏差和检查方法　　表22.7.2

项次	项目	允许偏差(mm)	检验方法
1	表面平整度	2.0	用2m靠尺和楔形塞尺检查
2	缝格平直	2.5	拉5m线,不足5m拉通线和尺量检查
3	踢脚线上口平直	—	拉5m线,不足5m拉通线和尺量检查
4	接缝高低差	0.4	尺量和楔形塞尺检查
5	板块间隙宽度	0.3	用钢尺检查

22.8 成品保护

22.8.1 在活动地板上放置重物时应避免将重物在地板上拖拉,其触面也不应太小。必须放置重物时应用木板进行垫衬。重物引起的集中荷载过大时,应在受力点处用支架加强。

22.8.2 在地板上行走或作业，禁穿带钉子的鞋，也不可用锐物和硬物在地板表面划擦及敲击，以免损坏地板表面。
22.8.3 地板面的清洁应用软布沾洗涤剂擦，再用干软布擦干，严禁用拖把沾水擦洗，以免边角进水，影响产品使用寿命。
22.8.4 日常清扫应使用吸尘器，以免灰尘飞扬及灰尘落入板缝，影响抗静电性能。为保证地板清洁，可涂擦地板蜡。

22.9 安全环保措施

22.9.1 参加操作人员必须经防火、防燃安全教育后方可参加操作。
22.9.2 施工房间应空气流通，打开门窗，通风换气。
22.9.3 施工房间内必须设有足够的消防用具，如灭火器等。
22.9.4 绝对禁止在施工现场内吸烟，以防引起火灾。
22.9.5 施工噪声应符合有关规定，并对噪声进行测量，注明测量时间、地点、方法做好噪声测量记录，以验证噪声排放是否符合要求，超标时及时采取措施。
22.9.6 固体废弃物应按"可利用"、"不可利用"、"有毒害"等进行标识。可利用的垃圾分类存放，不可利用垃圾存放在垃圾场，及时通知运走，有毒害的物品，如胶粘剂等应用桶存放。

22.10 质量记录

22.10.1 活动地板地面工程的质量验收应检查下列工程质量文件和记录：
（1）工程设计图纸和变更文件等。
（2）原材料的出厂检验报告和质量合格保证文件、材料进场检（试）验报告（含抽样报告）。
（3）建筑地面工程施工质量控制文件。
（4）构造层的隐蔽验收及其他有关验收文件。

22.10.2 活动地板地面工程的质量验收时,对面层铺设采用的胶粘剂等,应提供 TVOC 和游离甲醛限量、苯限量、放射性指标限量、氡浓度等的材料证明资料。

23 地毯面层施工工艺标准

23.1 总则

23.1.1 适用范围
本工艺标准适用于工业与民用建筑室内地毯面层的施工。

23.1.2 编制参考标准及规范
1.《建筑工程施工质量验收统一标准》(GB 50300—2001)
2.《建筑地面工程施工质量验收规范》(GB 50209—2002)
3.《建筑地面设计规范》(GB 50037—96)
4.《民用建筑工程市内环境污染控制规范》(GB 50325—2001)

23.2 术语

23.2.1 建筑地面
是房屋建筑的底层地面和楼层地面的总称。由面层、垫层和基层等部分组成。

23.2.2 面层
是地面的最上层,本章所指面层为地毯面层。

23.2.3 垫层
面层下的构造层,垫层有波纹状的海绵波垫和杂毛毡垫两种。加设垫层,增加了地毯地面的柔软性、弹性和防潮性,并易于敷设。

23.2.4 基层
是地毯地面的基础,一般为水泥砂浆地面。

23.3 基本规定

23.3.1 地毯地面工程采用的材料应按设计要求和规范的规定选用,并应符合国家标准的规定;进场材料应有质量合格证明书、厂家、规格、型号及性能。

23.3.2 水泥类面层或基层的表面应平整、洁净、干燥,无凹坑、麻面、裂缝,并应清除油污、钉头和其他突出物。表面强度符合标准。

23.3.3 地毯面层的铺设宜在室内装饰其他工程项目基本完工后进行。厕浴间、厨房等潮湿场所相邻的地毯面层连接处,应做防水(防潮)处理。

23.3.4 地毯地面施工时,环境温度的控制应符合要求。

23.3.5 海绵衬垫应铺满平整,地毯拼缝处不漏底衬。

23.3.6 固定式地毯(满铺毯)铺设应符合下列规定:

(1) 固定式地毯用的金属卡条(倒刺板)、金属压条、专用双面胶带等必须符合设计要求。

(2) 铺设的地毯张拉应适宜,四周卡条固定牢;门口处应用金属压条等固定。

(3) 地毯周边应塞入卡条和踢脚线之间的缝中;粘贴地毯应用胶粘剂与基层粘贴牢靠。

23.3.7 活动式地毯(块毯)铺设应符合下列规定:

(1) 地毯拼成整块后直接铺在洁净的地上,地毯周边应塞入踢脚线下。

(2) 与不同类型的建筑地面连接处,应按设计要求收口。

(3) 小方块地毯铺设,块与块之间应挤紧服贴。

23.3.8 楼梯地毯铺设,每梯段顶级地毯应用压条固定于平台处,每级阴角处应用卡条固定牢。

23.3.9 建筑变形缝处地毯敷设应按设计要求设置,并应符合规范规定。

23.3.10 地毯地面工程完工后,应对面层采取保护措施。

23.3.11 地毯地面工程完工后,施工质量验收应在装饰施工企业自检合格的基础上,由监理单位组织有关单位对分项工程进行检查验收。

23.4 施工准备

23.4.1 技术准备

(1) 熟悉图纸及其他设计文件,并依据现场实际情况对照设计进行比较,如有与设计不符之情况及时与有关部门联系。

(2) 做好施工技术交底,包括:施工图交底、施工方案(或作业指导书)交底、地毯分项技术交底。

(3) 所有施工人员必须经过培训,持证上岗。

23.4.2 材料准备

(1) 地毯:地毯的品种、颜色、规格、花色、胶料和辅料及材质必须符合设计要求和国家现行地毯产品标准的规定。污染物含量低于室内装修装饰材料地毯中有害物质释放限量标准。

(2) 胶粘剂:一般在地毯与地面粘结或地毯连接拼缝时使用,要求无毒、无霉、快干,30min 内有足够的粘结强度,能满足使用张拉器时不脱缝的要求。

(3) 胶带:一般地毯连接拼缝时使用,粘结后有足够的强度,能满足使用张拉器时不脱缝的要求。

(4) 倒刺板、金属倒刺收口条、金属压条要顺直、倒刺均匀,长度、角度符合设计要求。

23.4.3 主要机具

(1) 裁毯刀:有手推剪刀、手握剪刀两种。前者用于敷设操作时少量裁剪,后者用于施工前的大批下料。

(2) 张紧器(地毯撑子):有脚蹬和手拉两种。使用脚蹬张紧器的目的是将地毯向纵、横向伸展一下,使地毯在使用过程中遇到较大的推力时也不致隆起，保持平整服贴。使用张紧器时的张紧方向由地毯中心线向外拉开，张紧固定。手拉张紧器一般与脚蹬张紧器配合使用，较多是用于纵向敷设地毯时，尤其是较长地毯的纵向张紧。

（3）扁铲：主要用于墙角处或踢脚板下的地毯卷边。

（4）墩拐：地毯固定在倒刺板上，如果遇到障碍物，不能用榔头将倒刺砸倒，可用墩拐垫着。

（5）其他工具：漆刷、割刀、地毯修边器、熨斗、角尺、手枪钻、搪刀、修茸电铲等。

23.4.4 作业条件：

（1）地面基层以及预埋在地面内各种管线已做完，室内设备管道已安装完毕，经调试验收合格。

（2）底层地面铺设地毯时，基层底部应设防潮层，地面基层及其他部位清洁干净，含水率不大于8%。

（3）室内其他装饰已经结束，并经过检查验收合格。

（4）材料已进行验收，符合设计要求，所用机具准备齐全。

（5）室内踢脚板已安装完毕，踢脚板下口均离地面8mm左右。

（6）大面积施工前应先放出施工大样，并做样板，经检验合格后，按样板要求施工。

23.5 材料和质量要点

23.5.1 材料的关键要求

（1）应选用材质优良，不易退色、耐磨性好、回弹性高、防静电、图案清晰、色泽一致的地毯。

（2）固定地毯用的金属卡条（倒刺板）、金属压条、专用双面胶带等必须符合设计要求。

23.5.2 技术关键要求

(1) 铺设地毯张拉应适宜，四周卡条固定牢，门口处应用金属压条固定。

(2) 地毯周边应塞入卡条和踢脚线之间的缝中。

(3) 粘贴地毯应用胶粘剂与基层粘结牢固。

(4) 小方块地毯铺设，块与块之间应挤紧服贴。

23.5.3 质量关键要求

(1) 地毯的品种、规格、色泽、图案应符合设计要求。

(2) 地毯平整、洁净，无松弛、起鼓、褶皱、翘边等缺陷。

(3) 地毯接缝粘结应牢固，接缝严密，无明显接头、离缝。

(4) 颜色、光泽一致，无明显错花、错格现象。

(5) 地毯四周边与倒刺板嵌挂牢固、整齐。门口、进口处收口顺直、稳固。踢脚板处塞边须严密，封口平整。

23.5.4 职业健康安全关键要求

(1) 使用电熨斗时避免烫伤及烫坏其他物品。

(2) 电动工具使用要有防护，防止触电。

(3) 进入工程施工现场必须戴安全帽。

(4) 使用剪刀、割刀要防止割伤手脚。

23.5.5 环境关键要求

(1) 地毯施工现场要求干净清洁。

(2) 防火间距、消防设施、电器设备及现场管理应按有关规定执行。

(3) 安全用电必须按电气工程标准执行。

23.6 施工工艺

23.6.1 工艺流程

清理基层 → 弹线套方、分格定位 → 地毯剪裁 → 钉卡条、压条 → 铺衬垫 → 铺地毯 → 细部处理收口 → 修整、清理 → 检查验收

23.6.2 操作工艺

（1）清理基层

1）铺设地毯的基层要求具有一定的强度。其水泥基层的抗压强度不得小于1.2MPa。

2）基层表面必须平整，无凹坑、麻面、裂缝，并保持清洁干净。若有油污，须用丙酮或松节油擦洗干净，高低不平处应预先用水泥砂浆填嵌平整。

（2）弹线套方、分格定位：严格按照设计图纸对各个房间的铺设尺寸进行度量，检查房间的方正情况，并在地面弹出地毯的铺设基准线和分格定位线。活动地毯应根据地毯的尺寸，在房间内弹出定位网格线。

（3）裁剪地毯

1）根据房间尺寸和形状，用裁边机从长卷上裁下地毯。

2）每段地毯的长度要比房间长度长约20mm，宽度要以裁出地毯边缘后的尺寸计算，弹线裁剪边缘部分。

（4）钉木卡条和门口压条

1）采用木卡条（倒刺板）固定地毯时，应沿房间四周距墙角10~20mm，将卡条固定于基层上。

2）在门口处，为不使地毯踢起和边缘受损，达到美观的效果，常用铝合金卡条、锑条固定。卡条、锑条内有倒刺扣牢地毯。锑条的长边与地面固定，待铺上地毯后，将短边打下，紧压住地毯面层。

3）卡条及压条可用钉条、螺丝、射钉固定在基层上。

(5) 铺衬垫：将衬垫采用点粘法粘在地面基层上，要离开倒刺板 10mm 左右。

(6) 接缝处理

1) 地毯是背面接缝，接缝是将地毯翻过来，使两条缝平接，用线缝后，刷白胶，贴上牛皮胶纸。缝线应较结实，针脚不必太密。

2) 也有用胶带接缝的方法。即先将胶带按地面上的弹线铺好，两端固定，将两侧地毯的边缘压在胶带上，然后用电熨斗在胶带的无胶面上熨烫，使胶质溶解，随着电熨斗的移动，用扁铲在接缝处碾压平实，使之牢固地连在一起。

3) 用电铲修葺地毯接口处正面不齐处的绒毛。

(7) 铺地毯

1) 用张紧器（或地毯撑子）将地毯在纵横方向逐段推移伸展，使之拉紧、平服，以保证地毯在使用过程中遇到一定的推力而不隆起。张紧器底部有许多小刺，可将地毯卡紧而推移。推力应适当，过大易将地毯撕破，过小推移不平。推移应逐步进行。

2) 用张紧器张紧后，地毯四周应挂在卡条上或铝合金条上固定。

(8) 铺活动地毯时应先在房间中间按照十字线铺设十字控制块，之后按照十字控制块向四周铺设。大面积铺贴时应分段、分部位铺贴。如设计有图案要求时，应按照设计图案弹出准确分隔线，并做好标记，防止差错。

(9) 细部处理收口：地毯与其他地面材料交接处和门口等部位，应用收口条做收口处理。

(10) 修整、清理

地毯完全铺好后，用搪刀裁去多余部分，并用扁铲将边缘塞入卡条和墙壁之间的缝中，用吸尘器吸去灰尘等。

23.7 质量标准

23.7.1 主控项目

(1) 地毯的品种、规格、颜色、花色、胶料和辅料及其材质必须符合设计要求和国家现行地毯产品标准的规定。

检验方法：观察检查和检查材质合格记录。

(2) 地毯表面应平服、拼缝处粘接牢固、严密平整、图案吻合。

检验方法：观察检查。

23.7.2 基本项目

(1) 地毯表面不应起鼓、起皱、翘边、卷边、显拼缝、露线和无毛边，绒面毛顺光一致，毡面干净，无污染和损伤。

检验方法：观察检查。

(2) 地毯同其他面层连接处、收口处和墙边、柱子周围应顺直、压紧。

检验方法：观察检查。

23.8 成品保护

23.8.1 地毯操作过程中要注意对其他专业工程的保护，如埋在地面内的管线、开关、插座不得随意移位。

23.8.2 地毯面层做完之后应换干净拖鞋进入室内。

23.8.3 在地毯施工结束的房间进行装饰或其他专业工序时，地毯面层应进行覆盖保护，以免污染地毯面层。

23.8.4 粘污在门口和墙面上的胶料等应及时清扫干净。

23.9 安全环保措施

23.9.1 所有施工人员必须持证上岗，并防止意外伤害。

23.9.2 清理地面基层时,清理出的垃圾、杂物等,不得从窗口、阳台扔出。

23.9.3 施工时必须做到工完场清,建筑垃圾倾倒至指定地点。

23.10 质量记录

23.10.1 地毯、胶料和辅料合格证及进场检查报告。

23.10.2 地毯地面分项工程检验批质量验收记录。

24 实木地板面层施工工艺标准

24.1 总则

24.1.1 适用范围
本施工工艺标准适用于建筑工程中室内装饰实木地板工程；不适用于超净、屏蔽、绝缘、防止放射线以及防腐蚀等特殊要求的建筑地面工程的施工。

24.1.2 编制参考标准及规范
(1)《建筑工程施工质量验收统一标准》(GB 50300—2001)
(2)《建筑地面工程施工质量验收规范》(GB 50209—2002)
(3)《建筑地面设计规范》(GB 50037—96)
(4)《民用建筑工程室内环境污染控制规范》(GB 50325—2001)
(5)《木结构工程施工质量验收规范》(GB 50206—2002)
(6)《实木地板块》(GB/T15036.1—6)

24.2 术语

24.2.1 建筑地面
建筑物底层地面（地面）和楼层地面（楼面）的总称。

24.2.2 面层
直接承受各种物理和化学作用的建筑地面表面层。本工艺标准指实木地板面层。

24.2.3 基层
面层下的构造层，一般为水泥砂浆和混凝土地面。

24.3 基本规定

24.3.1 所采用的材料应按设计要求和《建筑地面工程施工质量验收规范》(GB 50209—2002)的规定选用，并应符合国家标准的规定；实木地板应有中文商品检验合格证。

24.3.2 实木地板面层下的木搁栅、垫木、毛地板所采用木材、选材标准和铺设时木材含水率以及防腐、防蛀处理等，均应符合现行国家标准《木结构工程施工质量验收规范》(GB 50206—2002)的有关规定。所选用的材料，进场时应对其断面尺寸、含水率等主要技术指标按产品标准的规定进行检验，符合标准方准使用。

24.3.3 实木地板面层下的木搁栅、垫木、毛地板的防腐、防蛀、防潮处理，其处理剂产品的技术质量标准必须符合现行国家标准《民用建筑室内环境污染控制规范》(GB 50325—2001)的规定.

24.3.4 厕浴间、厨房等潮湿场所相邻的实木面层连接处，应做防水（防潮）处理。

24.3.5 实木面层铺设在水泥类基层上，其基层表面应坚硬、平整、洁净、干燥、不起砂。

24.3.6 室内地面工程的实木面层搁栅下架空结构层（或构造层）符合设计和标准要求后方可进行面层的施工。

24.3.7 实木面层的通风构造层包括室内通风沟、室外通风窗等，均应符合设计要求。

24.3.8 实木地板下填充的轻质隔声材料一定要进行干燥。

24.3.9 实木地板面层镶边时如设计无要求，应用同类材料镶边。

24.3.10 木地板的面层验收，应在竣工后三天内验收。

24.3.11 建筑地面面层工程应按每一层次或每一施工段或变形缝作为检验批，高层建筑的标准层可按每三层作为检验批，不足三层按三层计。每一检验批应以各类面层划分的分项工程按自然间或标准间检验，抽查数量应随机检验不应少于3间；不足3间应全数检查；其中走廊过道应以10延长米为1间，礼堂、门厅应以两个轴线为1间计算。

24.3.12 实木地板分项工程施工质量的主控项目必须达到规范规定要求。一般项目80%以上的检查点（处）符合规范规定的质量要求，其他检查点（处）不得影响使用，并不得大于允许偏差值的50%为合格。达不到质量标准要求时，应按《建筑工程质量验收统一标准》（GB 50300—2001）的规定进行处理。

24.4 施 工 准 备

24.4.1 技术准备

（1）进行图纸审核，核对设备安装与装修之间有无矛盾；图纸说明是否齐全、明确；设计图表之间的规格、材质、标高等，是否有"错、漏、碰、缺"。

（2）实木地板的质量应符合规范和设计要求，在铺设前，应得到业主对地板质量、数量、品种、花色、型号、含水率、颜色、油漆、尺寸偏差、加工精度、甲醛含量等验收认可。

（3）实木地板地板施工前，要进行详细的技术交底，铺设面积较大时，应编制施工方案，确定铺设方法、工艺步骤、基层材料、质量要求、工期、验收规范等，并在铺设前应得到设计和业主认可，施工应严格执行。

（4）实木地板大面积铺设前，应作样板间，经验收合格后，再大面积铺设。

24.4.2 材料及质量要求

（1）木地板敷设所需要的木搁栅（也称木楞）、垫木、沿缘木（也称压檐木）、剪刀撑及毛地板：采用红白松，经烘干、防腐处理后使用，木龙骨、毛地板不得有扭曲变形，规格尺寸按设计要求加工。木搁栅、垫木、沿缘木、剪刀撑及毛地板常用规格见表24.4.2。

木搁栅、垫木、沿缘木、剪刀撑及毛地板常用规格一览表　表24.4.2

名　　称		宽（mm）	厚（mm）
垫　木 （压檐木）	空铺式	100	50
	实铺式	平面尺寸 120×120	20
剪　刀　撑		50	50
木搁栅 （或木楞）	空铺式	根据设计或计算决定	同左
	实铺式	梯形断面上50，下70；矩形70	50
毛　地　板		不大于120	22～25

（2）硬木地板：常见的有企口木地板，企口木地板系指以高贵硬木即：樱桃木、枫木、水曲柳、柚木、柞木、橡木、桦木、山毛榉、刺槐、栎木、柳安、楠木等经先进的全电脑控制干燥设备处理，含水率10%以内，并经企口、刨光、油漆等加工而成。也可按设计要求现场刨光、上漆。一般规格为：厚度15mm、18mm、20mm；宽度50mm、60mm、70mm、75mm、90mm、100mm；长度250～900mm。（以上规格也可以按设计要求定做）。另外还有席纹木地板。

（3）砖和石料：用于地垄墙和砖墩的砖强度等级，不能低于MU7.5。采用石料时，风化石不得使用；凡后期强度不稳定或受潮后会降低强度的人造块材均不得使用。

（4）胶粘剂及沥青：若使用胶粘剂粘贴拼花木地板面层，可选用环氧沥青、聚氨脂、聚醋酸乙烯和酪素胶等。若采用沥青粘贴拼花木地板面层，应选用石油沥青。

（5）其他材料：防潮垫、8～10号镀锌铅丝、50～100mm元钉、木地板专用钉等。

24.4.3　主要机具

以一个木工班组（12人）配备：冲击钻一台；手枪钻ϕ6四把；手提电圆锯一台；小电刨、平刨、压刨、台钻相应设置，地板磨光机一台；砂带机一台。手动工具包括：手锯、手刨、单线刨、锤子、斧子、冲子、挠子、手铲、凿子、螺丝刀、钎子棍、撬棍、方尺、割角尺、木折尺、墨斗、磨刀石等。

24.4.4 作业条件

（1）加工定货材料已进场，并经过验收合格。
（2）室内湿作业已经结束，并已经过验收和测试。
（3）门窗已安装到位。
（4）木地板已经挑选，并经编号分别存放。
（5）墙上水平标高控制线已弹好。
（6）基层、预埋管线已施工完毕，水系统打压已经结束，均经过验收合格。

24.5 材料和质量要点

24.5.1 材料的关键要求

（1）木搁栅、毛地板的含水率须符合设计规定要求，必须作防腐、防蛀、防火处理。
（2）实木地板须有商品检验合格证并符合设计要求，必要时应进行复检。
（3）符合《实木地板块》（GB/T15036.1—6）规定的要求。

24.5.2 技术关键要求

（1）铺设实木地板面层时，其木搁栅的截面尺寸、间距和稳固方法等均应符合设计要求。木搁栅固定时，不得损坏基层和预埋管线。木搁栅应垫实钉牢，与墙之间应留 30mm 的缝隙，表面要平直。
（2）毛地板铺设时，木材髓心应向上，其板间缝隙不应大于 3mm，与墙之间应留 8～12mm 的空隙，表面应刨平。
（3）实木地板面层铺设时，面层与墙之间应留 8～12mm 的缝隙。
（4）采用实木制作的踢脚线，背面应抽槽并做防腐处理。
（5）实木地板在门口与其他地面材料交接处，以及与暖气罩等交接处做法应符合设计要求。

24.5.3 质量关键要求

(1) 实木地板面层所用材料木材的含水率必须符合设计要求。木搁栅、垫木和毛地板等必须做防腐、防蛀处理；

(2) 木搁栅安装牢固、平直；固定宜采用在混凝土内予埋膨胀螺栓固定，或采用在混凝土内钉木楔铁钉固定。不宜用铁丝固定，因为铁丝不易绞紧，一旦松动，面层上有人走动时就会发出响声，同时铁丝易锈蚀断裂，隐患较大。

(3) 面层铺设牢固，粘结无空鼓；木地板铺设时，必须注意其心材朝上。木材靠近髓心处颜色较深的部分，即为心材。心材具有含水量较小，木质坚硬，不易产生翘曲变形。

(4) 实木地板面层应刨平、磨光，刨光分三次进行，要注意必须顺着木纹方向，刨去总厚度不宜超过 1.5mm。以刨平刨光为度，无明显刨痕和毛刺等现象，之后，用砂纸磨光，要求图案清晰、颜色均匀。

(5) 面层缝隙严密，接头位置符合设计要求，表面洁净；木地板四周离墙应保证有 10~20mm 的缝隙，其作用有二：一是减少木板从墙体中吸收水分，并保持一定的通风条件，能够调节因温度变形而引起的伸缩；二是防止地板上的行走和撞击声传到隔壁室内。该缝隙宽度由踢脚板遮盖。

(6) 拼花地板接缝应对齐，粘、钉严密，缝隙宽度均匀一致，表面洁净。

24.5.4 职业健康安全关键要求

(1) 清理地面时，要防止碎屑崩入眼内；

(2) 大量使用电动工具，防护要到位；

(3) 进入施工现场必须戴安全帽，穿防护鞋，避免作业环境导致物体打击等事故；

(4) 施工期间要做好安全交底。

24.5.5 环境关键要求

(1) 所用材料应为环保产品，产品存放应有指定地点。

(2) 施工中余下的边角料、锯末等要及时清理，并存放在指定地点，同时防止扬尘。

(3) 胶粘剂空桶严禁长期在室内放置，剩下的胶粘剂不用时要及时盖盖封存，严禁长时间暴露，污染环境。

(4) 木地板施工完后，房间应做好通风。防火间距、消防设施、电器设备应按规定设置。

24.6 施 工 工 艺

24.6.1 工艺流程

当代木地板铺设中，实木地板以空铺或实铺的方式在基层上铺设。前者有地板搁栅，毛地板（设计无要求时也可不用）空铺于地板搁栅之上；后者无地板搁栅，木地板直接用胶粘贴于地面之上（这种方法目前很少采用了）。带有毛地板的木地板，称为双层木地板，不带毛地板的木地板称为单层木地板。毛地板一般采用只刨平不刨光的松木板、中密度板或多层胶合板。其施工工艺流程如下：

清理基层测量弹线 → 铺设木搁栅 → 铺设毛地板 → 铺设面层实木地板 → 镶边 → 地面磨光 → 油漆打蜡 → 清理木地板面

24.6.2 操作工艺

具体操作工艺一般分底层木地板的铺设和楼层木地板的铺设。底层木地板一般采用空铺方法施工，而楼层木地板可采用空铺也可采用实铺方法进行施工，按设计要求组织施工。

(1) 地面基层验收、清理、弹线。

(2) 铺钉防腐、防水 20mm×50mm 松木地板搁栅，400mm 中距。地板搁栅应用防水防腐 20mm×40mm×50mm 木垫块垫实架空，垫块中距 400mm，与搁栅钉牢。同时将地板搁栅用10号镀锌铁丝两根与钢筋鼻子绑牢，搁栅间加钉 50mm×50mm 防腐、防火松木横撑，中距 800mm。地板搁栅及横撑的含水率不得大于18%，搁栅顶面必须刨平刨光，并每隔1000mm中距，凿10mm×10mm×50mm（按搁栅宽处）通风槽一道。（以上尺寸，如有设计要求时，按设计施工）

（3）地板木搁栅安装完毕，须对搁栅进行找平检查，各条搁栅的顶面标高，均须符合设计要求，如有不合要求之处，须彻底修正找平。符合要求后，按45°斜铺22mm厚防腐、防火松木毛地板一层，毛地板的含水率应严格控制并不得大于12%。铺设毛地板时接缝应落在木搁栅中心线上，钉位相互错开。毛地板铺完应刨修平整。用多层胶合板做毛地板使用时，应将胶合板的铺向与木地板的走向垂直。

（4）面层实木地板铺设

1）木地板的拼花组合造型：木地板的拼花组合造型，有等长地板条错缝组合式、长短地板条错缝组合式、单人字形组合式、双人字形组合式、蓆纹组合式、方格组合式、阶梯组合式以及设计要求的其他组合形式等。

2）弹线：根据具体设计，在毛地板上用墨线弹出木地板组合造型施工控制线，即每块地板条或每行地板条的定位线。凡不属地板条错缝组合造型的拼花木地板、蓆纹木地板，则应以房间中心为中心，先弹出相互垂直并分别与房间纵横墙面平行的标准十字线两条，或与墙面成45°角交叉的标准十字线两条，然后根据具体设计的木地板组合造型具体图案，以地板条宽度及标准十字线为准，弹出每条或每行地板的施工定位线，以凭施工。弹线完毕，将木地板进行试铺，试铺后编号分别存放备用。

3）将毛地板上所有垃圾、杂物清理干净，加铺防潮纸一层，然后开始铺装实木地板。可从房间一边墙根（也可从房间中部）开始（根据具体设计，将地板周围镶边留出空位），并用木块在墙根所留镶边空隙处将地板条（块）顶住，然后顺序向前铺装，直至铺到对面墙根时，同样用木块在该墙根镶边空隙处将地板顶住，然后将开始一边墙根处的木块楔紧，待安装镶边条时再将两边木块取掉。

4）铺定实木地板条按地板条定位线及两顶端中心线，将地板条铺正、铺平、铺齐，用地板条厚2～2.5倍长的圆钉，从地板条企口榫凹角处斜向将地板条钉于地板搁栅上。钉头须预先打扁，冲入企口表面以内，以免影响企口接缝严密，必要时在木地板条上可先钻眼后钉钉。钉钉个数应符合设计要求，设计无要求时，地板长度＜300mm时侧边应钉2个钉，长度大于300mm小于600mm时应钉3个钉，600～900mm钉4个钉，板的端头应钉1个钉固定。所有地板条应逐块错逢排紧钉牢，接缝严密。板与板之间，不得有任何松动、不平、不牢。

5）粘铺地板：按设计要求及有关规范规定处理基层，粘铺木地板用胶要符合设计要求，并进行试铺，符合要求后再大面积展开施工。铺贴时要用专用刮胶板将胶均匀地涂刮于地面及木地板表面，待胶不粘手时，将地板按定位线就位粘贴，并用小锤轻敲，使地板条与基层粘牢。涂胶时要求涂刷均匀，厚薄一致，不得有漏涂之处。地板条应铺正、铺平、铺齐，并应逐块错缝排紧粘牢。板与板之间不得有任何松动、不平、缝隙及溢胶之处。

6）实木地板装修质量经检查合格后，应根据具体设计要求，在周边所留镶边空隙内进行镶边（具体设计图中无镶边要求者，本工序取消）。

（5）踢脚板安装：当房间设计为实木踢脚板时，踢脚应预先刨光，在靠墙的一面开成凹槽，并每隔1m钻直径6mm的通风孔，在墙内应每隔750mm砌入防腐木砖，在防腐木砖外面钉防腐木块，再将踢脚板固定于防腐木块上。踢脚板板面要垂直，上口呈水平线，在踢脚板于地板交角处，钉上1/4圆木条，以盖住缝隙。

（6）地板磨光：地面磨光用磨光机，转速应在5000r/min以上，所用砂布应先粗后细，砂布应绷紧绷平，长条地板应顺木纹磨，拼花地板应与木纹成45°斜磨。磨时不应磨的太快，磨深不宜过大，一般不超过1.5mm，要多磨几遍，磨光机不用时应先提起再关闭，防止啃咬地面，机器磨不到的地板要用角磨机或手工去磨，直到符合要求为止。

(7) 油漆打蜡：应在房间内所有装饰工程完工后进行。硬木拼花地板花纹明显，所以，多采用透明的清漆涂刷，这样可透出木纹，增强装饰效果。打蜡可用地板蜡，以增加地板的光洁度，使木材固有的花纹和色泽最大限度地显示出来。

(8) 清理地面、交付验收使用，或进行下道工序的施工。

24.7 质量标准

24.7.1 主控项目

(1) 实木地板面层所采用的材质和铺设时的木材含水率必须符合设计要求。木搁栅、垫木和毛地板等必须做防腐、防蛀处理。

检验方法：观察和检查材质合格证明文件及检验报告。

(2) 木搁栅安装应牢固、平直，其间距和稳固方法必须符合设计要求。

检验方法：观察、脚踩检验。

(3) 面层铺设应牢固，粘结无空鼓。

检验方法：观察、脚踩或用小锤轻击检验。

24.7.2 一般项目

(1) 实木地板面层应刨平、磨光、无明显刨痕和毛刺等现象；图案清晰，颜色均匀一致。

检验方法：观察、手摸和脚踩检查。

(2) 面层缝隙应严密；接头位置应错开，表面洁净。

检验方法：观察检查。

(3) 拼花地板接缝应对齐，粘、钉严密；缝隙宽度均匀一致；表面洁净，胶粘无溢胶

检验方法：观察检查。

(4) 踢脚线表面应光滑，接缝严密，高度一致。

检验方法：观察和钢尺检查。

(5) 实木面层的允许偏差应符合表 24.7.2 的规定。

实木地板面层的允许偏差和检验方法（mm） 表 24.7.2

项次	项目	实木地板面层允许偏差			检验方法
		松木地板	硬木地板	拼花地板	
1	板面缝隙宽度	1.0	0.5	0.2	用钢尺检查
2	表面平整度	2.0	2.0	2.0	用2m靠尺和楔形塞尺检查
3	踢脚线上口平直	2.0	2.0	2.0	拉5m通线，不足5m拉通线和用钢尺检查
4	板面拼缝平直	3.0	3.0	3.0	拉5m通线，不足5m拉通线和用钢尺检查
5	相邻板材高差	0.5	0.5	0.5	用钢尺和楔形塞尺检查
6	踢脚线与面层接缝	1.0	1.0	1.0	楔形塞尺检查

24.8 成品保护

24.8.1 验收并挑选完的地板应编号按房间码放整齐，使用时应轻拿轻放，不能乱堆乱放，严禁碰坏棱角。

24.8.2 搬运和铺设木地板时，不应损坏墙面已装修好的部位，严禁互相损坏。

24.8.3 施工作业人员和质量检查人员应穿软底鞋，到面层施工时还应加套软鞋套，走路要轻。

24.8.4 不得在已铺好的面层上施工作业，特别是敲砸等，严禁将电动工具等放在已铺好的木地板上，以防止损坏面层。

24.8.5 地板施工应注意施工环境温、湿度的变化。施工完毕用软布将地板擦拭干净，覆盖塑料薄膜，以防止开裂和变形。

24.8.6 地板磨光后应及时刷油和打蜡。

24.8.7 指定专人负责成品保护工作，特别是门口交接处和交叉作业施工时，须协调好各项工作。

24.8.8 防止卫生间水和涂料油漆的污染。

24.9 安全环保措施

24.9.1 施工操作人员要先培训后上岗，做好安全教育工作。

24.9.2 地面垃圾清理要随干随清，不得乱堆、乱扔，应集中倒至指定地点。

24.9.3 按规定配置消防器材。

24.9.4 电动工具的配线要符合有关规定的要求。

24.9.5 夜间施工时须采用36V低压电照明设备。

24.9.6 木地板施工现场严禁烟火；要制定措施，并设专人实施。

24.10 质量记录

24.10.1 实木地板面层的条材和块材的商品检验合格证。

24.10.2 木搁栅、毛地板含水率检测报告。

24.10.3 木搁栅、毛地板铺设隐蔽验收记录。

24.10.4 胶粘剂、人造板等有害物质含量检测记录和复试报告。

24.10.5 实木地板面层工程检验批质量验收记录。

24.10.6 其他记录。

25 实木复合地板面层施工工艺标准

25.1 总则

25.1.1 适用范围
本标准适用于民用建筑室内和体育场所内等实木复合木地板面层的施工。

本标准不适用于对保温、地热、防静电、防辐射等特殊要求的木地板铺设验收。本标准不涉及木地板的基层施工验收。

25.1.2 编制参考标准及规范
(1)《建筑工程施工质量验收统一标准》(GB 50300—2001)
(2)《建筑地面工程施工质量验收规范》(GB 50209—2002)
(3)《木结构工程施工质量验收规范》(GB 50206—2002)
(4)《木地板保修期内面层检验规范》(WB/T1017—2002)
(5)《木地板铺设面层验收规范》(WB/T1016—2002)
(6)《实木复合地板》(GB/T18103—2000)
(7)《民用建筑工程环境污染控制规范》(GB 50325—2001)

25.2 术语

25.2.1 建筑地面
建筑物底层地面(地面)和楼层地面(楼面)的总称。

25.2.2 面层
直接承受各种物理和化学作用的建筑地面表面层,本施工工艺标准指实木复合地板面层。

25.2.3 基层

面层下的构造层，一般为水泥砂浆或混凝土基层。

25.2.4 拼接离缝

相邻实木条之间的拼接缝隙。

25.2.5 环境测试舱

模拟室内环境测试建筑材料和装修材料的污染材料的污染释放量的设备。

25.2.6 游离甲醛释放量

在环境测试舱法或干燥器法的测试条件下，材料释放游离甲醛的量。

25.2.7 游离甲醛含量

在穿孔法的测试条件下，材料单位质量中含有游离甲醛的量。

25.3 基本规定

25.3.1 所采用的材料应按设计要求和《建筑地面工程施工质量验收规范》（GB 50209—2002）的规定选用，并应符合国家标准的规定；实木复合地板应有中文商品检验合格证。

25.3.2 实木复合地板面层下的木搁栅、垫木、毛地板所采用木材、选材标准和铺设时木材含水率以及防腐、防蛀处理等，均应符合现行国家标准《木结构工程施工质量验收规范》（GB 50206—2002）的有关规定。所选用的材料，进场时应对其断面尺寸、含水率等主要技术指标按产品标准的规定进行检验，符合标准方准使用。

25.3.3 实木复合地板面层下的木搁栅、垫木、毛地板的防腐、防蛀、防潮处理，其处理剂产品的技术质量标准必须符合现行国家标准《民用建筑室内环境污染控制规范》（GB 50325—2001）的规定。

25.3.4 厕浴间、厨房和有排水（或其他液体）要求的建筑地面层与相连接各类面层的标高差应符合设计要求。

25.3.5 厕浴间、厨房等潮湿场所相邻的实木面层连接处，应做防水（防潮）处理。

25.3.6 木地板面层铺设在水泥类基层上，其基层表面应坚硬、平整、洁净、干燥、不起砂。

25.3.7 室内地面工程的实木复合面层搁栅下架空结构层（或构造层）符合设计和标准要求后方可进行面层的施工。

25.3.8 实木复合面层的通风构造层包括室内通风沟、室外通风窗等，均应符合设计要求。

25.3.9 木地板下填充的轻质隔声材料一定要进行干燥。

25.3.10 实木复合地板面层镶边时如设计无要求，应用同类材料镶边。

25.3.11 木地板的面层验收，应在竣工后三天内验收。

25.3.12 建筑地面面层工程应按每一层次或每一施工段或变形缝作为检验批，高层建筑的标准层可按每三层作为检验批，不足三层按三层计。每一检验批应以各类面层划分的分项工程按自然间或标准间检验，抽查数量应随机检验不应少于3间；不足3间应全数检查；其中走廊过道应以10延长米为1间，礼堂、门厅应以两个轴线为1间计算。

25.3.13 建筑地面分项工程施工质量检验的主控项目，必须达到《建筑地面工程施工质量验收规范》（GB 50209—2002）规定的质量标准，认定为合格；一般项目80%以上的检查点（处）符合上述规范规定的质量要求，其他检查点（处）不得有明显影响使用，并不得大于允许偏差值的50%为合格。凡达不到质量标准时，应按照现行国家标准《建筑工程施工质量验收统一标准》（GB 50300—2001）的规定处理。

25.4 施工准备

25.4.1 技术准备

（1）面层使用实木复合地板的质量应符合规范要求，在铺设前，应得到业主对质量、数量等验收认可，还应对品种、花色、型号、含水率、颜色、油漆、尺寸偏差、加工精度、甲醛含量等验收认可。

（2）实木复合地板地板施工前，要进行详细的技术交底，铺设面积较大时，应编制施工方案，确定铺设方法、工艺步骤、基层材料、质量要求、工期、验收规范等，并在铺设前应得到用户认可，施工应严格执行。

（3）实木复合地板大面积铺设前，应作样板间，经验收合格后，再大面积铺设。

25.4.2 材料准备

（1）实木复合地板

1）品种规格：按结构分为三层结构实木复合地板和以胶合板为基材的实木复合地板。

2）规格尺寸：

三层结构实木复合地板的幅面尺寸见表25.4.2-1

三层结构实木复合地板的幅面尺寸 单位：mm 表25.4.2-1

长 度	宽 度			厚 度
2100	180	189	205	14、15
2200	180	189	205	

以胶合板为基材的实木复合地板的幅面尺寸见表25.4.2-2。

实木复合地板的尺寸偏差 单位：mm 表25.4.2-2

长 度	宽 度				厚 度
2200	—	189	225	—	8、12、15
1818	180	—	225	303	

也可经供需双方协议可生产其他幅面尺寸或厚度的产品。

3）外观质量要求

各等级外观质量要求见表25.4.2-3。

实木复合地板的外观质量要求　　　　　表 25.4.2-3

名称	项目	表面 优等	表面 一等	表面 合格	背面
死节	最大单个长径，mm	不允许	2	4	50
孔洞（含虫孔）	最大单个长径，mm	不允许	不允许	2，需修补	15
浅色夹皮	最大单个长度，mm	不允许	20	30	不限
浅色夹皮	最大单个宽度，mm	不允许	2	4	不限
深色夹皮	最大单个长度，mm	不允许	不允许	15	不限
深色夹皮	最大单个宽度，mm	不允许	不允许	2	不限
树脂囊和树脂道	最大单个长度，mm	不允许	不允许	5，且最大单个宽度小于 1	不限
腐朽	—	不允许	不允许	不允许	*)
变色	不超过板面积，%	不允许	5，板面色泽要协调	20，板面色泽要大致协调	不限
裂缝	—	不允许	不允许	不允许	不限
拼接离缝 横拼	最大单个宽度，mm	0.1	0.2	0.5	不限
拼接离缝 横拼	最大单个长度不超过板长，%	5	10	20	不限
拼接离缝 纵拼	最大单个宽度，mm	0.1	0.2	0.5	不限
叠层	—	不允许	不允许	不允许	不限
鼓泡、分层	—	不允许	不允许	不允许	不允许

续表

名称	项目	表面			背面
		优等	一等	合格	
凹陷、压痕、鼓包	—	不允许	不明显	不明显	不限
补条、补片	—	不允许			不限
毛刺沟痕	—	不允许			不限
透胶、板面污染	不超过板面积,%	不允许		1	不限
砂透	—	不允许			不限
波纹	—	不允许		不明显	—
刀痕、划痕	—	不允许			不限
边、角缺损	—	不允许			**)
漆膜鼓泡	$\phi \leqslant 0.5$mm	不允许	每块板不超过3个		—
针孔	$\phi \leqslant 0.5$mm	不允许	每块板不超过3个		—
皱皮	不超过板面积,%	不允许		5	—
粒子	—	不允许		不明显	—
漏漆	—	不允许			—

*）允许有初腐，但不剥落，不能捻成粉末。

**）长边缺损不超过板长的30%，且宽不超过5mm；端边缺损不超过板宽的20%，且宽不超过5mm。

注：凡在外观质量检验环境条件下，不能清晰地观察到的缺陷即为不明显。

4）理化性能指标

各项理化性能指标见表25.4.2-4。

实木复合地板的理化性能指标　　表25.4.2-4

检验项目	单位	优等	一等	合格
浸渍剥离	—	每一边的任意胶层开胶的累计长度不超过该胶层长度的1/3（3mm以下不计）		

续表

检验项目	单位	优等	一等	合格
静曲强度	MPa	≥30		
弹性模量	MPa	≥4000		
含水率	%	5~14		
漆膜附着力	—	割痕及割痕交叉处允许有少量断续剥落		
表面耐磨	g/100r	≤0.08,且漆膜未磨透	≤0.15,且漆膜未磨透	
表面耐污染	—	无污染痕迹		
甲醛释放量	mg/100g	A类:≤9；B类:>9~40		

(2) 踢脚板：表面花纹及颜色宜与面层地板一致。

(3) 其他材料：木龙骨、毛地板、胶粘剂、隔声材料、防潮衬垫、硬木踢脚板、圆钉等。

25.4.3 主要机具

木工手刨、电刨、电锯、手提钻、刮刀（铲刀）、橡皮（木）锤、锤子、螺丝刀、量具等。

25.4.4 作业条件

(1) 基层无浮土，无明显施工废弃物。

(2) 基层应达到或低于当地平衡湿度和含水率，严禁含湿施工，并防止有水源处向地面渗漏，如暖气出水处，厨房和卫生间接口处等。

(3) 基层平整度用2m靠尺检验，允许偏差应小于3 mm（为拼花地板）或5 mm（其他实木复合地板）。

(4) 基层应牢固，基层材料应是优质合格产品，并按序固接在地基上，不松动。龙骨两端应钉实，或粘实。严禁用水泥砂浆填充。毛地板应四周钉头，钉距应不小于350mm。

(5) 龙骨间、龙骨与墙体间、毛地板间、毛地板与墙体间均应留有伸缩缝。

(6) 用干燥耐腐材（宽度>35mm）作龙骨。严禁用细木工板料作龙骨。用针叶板材作毛地板料，严禁整张使用，必要时须进行涂防腐油漆处理和防虫害处理。

（7）把地板包装都解开，在房间里放置7至10天，采用"时效法"让实木复合逐步适应使用环境的温度及湿度等。

（8）所有实木复合地板基层验收，应在木地板面层施工前达到验收合格，否则不允许进行面层铺设施工。

（9）严禁在木地板铺设时，与其他室内装饰装修工程交叉混合施工。

25.5 材料和质量要点

25.5.1 材料的关键要求

（1）实木复合地板：实木地板面层所采用的条材和块材，其技术等级和质量要求应符合设计要求，含水率不应大于12%。

（2）木格栅、垫木和毛地板等必须作防腐、防蛀及防火处理。

（3）胶粘剂：应采用具有耐老化、防水和防菌无毒等性能的材料，或按设计要求选用。胶粘剂应符合现行国家标准《民用建筑工程室内环境污染控制规范》（GB 50325—2001）的规定。

25.5.2 技术关键要求

（1）铺设实木复合地板面层时，其木搁栅的截面尺寸、间距和稳固方法等均应符合设计要求。木搁栅固定时，不得损坏基层和预埋管线。木搁栅应垫实钉牢，与墙之间应留30mm的缝隙，表面要平直，表面平整度控制在3mm。

（2）毛地板铺设时，木材髓心应向上，其板间缝隙不应大于3mm，与墙之间应留8～12mm的空隙，表面应刨平。

（3）实木复合地板面层铺设时，相邻板材接头位置应错开不小于300mm距离，与墙之间应留不小于10mm空隙。

（4）用干燥耐腐材（宽度>35mm）作龙骨。严禁用细木工板料作龙骨。用针叶板材作毛地板料，严禁整张使用，必要时须进行涂防腐油漆处理和防虫害处理。木制踢脚线，背面应抽槽并做防腐处理。

（5）大面积铺设实木复合地板面层时，应分段铺设，分段缝的处理符合设计要求。

25.5.3　质量关键要求

（1）木搁栅安装牢固、平直：固定宜采用在混凝土内预埋膨胀螺栓固定，或采用在混凝土内钉木楔铁钉固定。不宜用铁丝固定，因为铁丝不易绞紧，一旦松动，面层上有人走动时就会发出响声，同时铁丝易锈蚀断裂，隐患较大。

（2）面层缝隙严密、表面洁净：木地板四周离墙应保证有10～20mm的缝隙，以调节因温度变形而引起的伸缩；木地板铺贴时胶粘剂涂抹均匀，并控制板缝宽度允许偏差0.5mm；板面上多余的胶粘剂要马上清理，以防污染地板面层。

25.5.4　职业健康安全关键要求

（1）清理地面时，要防止碎屑崩入眼内。

（2）使用电动工具时，防护要到位。

（3）进入施工现场必须戴安全帽，穿防护鞋，避免作业环境导致物体打击等事故。

（4）施工期间要做好安全交底。

25.5.5　环境关键要求

（1）所用材料应为环保产品，产品存放应在指定地点。

（2）施工中余下的边角料、锯末要及时清理，存放在指定地点，并防止扬尘。

（3）胶粘剂空桶严禁长期在室内放置，剩下的胶粘剂不用时要及时盖盖封存，严禁长时间暴露，污染环境。

（4）木地板施工完后，房间应做好通风。

25.6　施工工艺

该施工工艺共有三种形式：粘贴式、实铺式、架空式。现常用的做法是粘贴式和实铺式，架空式木地板做法已不太常用。

25.6.1 工艺流程

(1) 粘贴式施工

基层清理 → 弹线、找平 → 满铺地垫（或点铺）→ 安装实木复合地板满粘或点粘。

(2) 实铺式施工

1) 单层条式

基层清理 → 弹线、找平 → 安装木搁栅（木龙骨）→ 填充轻质材料 → 安装实木复合地板 → 木踢脚板安装

2) 双层条式

基层清理 → 弹线、找平 → 安装木搁栅（木龙骨）→ 铺毛地板 → 铺防潮垫 → 安装实木复合地板 → 木踢脚板安装

(3) 架空式施工

基层清理 → 弹线 → 砌地垄墙 → 铺垫木 → 安放木搁栅（木龙骨）→ 设置剪刀撑 → 铺钉毛地板 → 铺钉实木复合地板 → 木踢脚板安装

25.6.2 操作工艺

(1) 粘贴式施工

1) 将基层（找平层）清理干净，弹好水平标高控制线；

2) 在找平层上满铺防潮垫，不用打胶；若采用条铺，可采用点铺方法；

3) 在防潮垫上铺装实木复合地板，宜采用点粘法铺设；

4) 防潮垫及实木复合地板面层与墙面之间应留不小于10mm空隙，相邻板材接头位置应错开不小于300mm距离；

5) 实木复合地板粘铺后可用橡皮锤子敲击使其粘接均匀、牢固；

6) 粘贴踢脚板。

(2) 实铺式（单层条式）施工

1) 将基层（找平层）清理干净，弹好水平标高控制线；

2）在基层（找平层）上弹出木龙骨位置线及标高，木龙骨断面呈梯形，宽面在下，其截面尺寸及间距应符合设计要求；按线将龙骨放平放稳，用垫木找平，垫实钉牢，木龙骨与墙之间留出30mm的缝隙，再依次摆正中间的龙骨，若设计无要求则龙骨间距按300mm，且表面应平直；

3）在龙骨之间填充干炉渣或其他保温、隔声等轻质材料；

4）实木复合地板面层与墙面之间应留不小于10~20mm的空隙，以后逐条板排紧，实木复合地板与龙骨间应钉牢、排紧；铺钉方法宜采用暗钉，钉子以45°或60°角钉入，可使接缝进一步靠紧；

5）实木复合地板的接头要在龙骨中间，相邻板材接头位置应错开不小于300mm距离；

6）安装踢脚板：粘贴或铺钉均可。

(3) 实铺式（双层条式）施工

1）将基层（找平层）清理干净，弹好水平标高控制线；

2）在基层（找平层）上弹出木龙骨位置线，按线将龙骨放平放稳，用垫木找平，垫实钉牢；木龙骨断面呈梯形，宽面在下，其截面尺寸及间距应符合设计要求；木龙骨距墙留出30mm的缝隙，再依次摆正中间的龙骨，龙骨间距若设计无要求按300mm；

3）满铺毛地板，将其钉在木龙骨上。毛地板与木龙骨垂直铺钉，若大面积宜斜向铺设，宜与木龙骨角度为30°或45°，毛地板应四周钉头，钉距应不小于350mm；

4）在毛地板上满铺一层防潮垫，不用打胶；铺装实木复合地板，不用打胶，直接拼铺，实木复合地板拼缝若是普通企口，板材间接缝必须打胶，其他拼缝形式直接拼装，也可打胶进行封闭；

5）实木复合地板面层与墙面之间应留不小于10mm空隙；

6）安装踢脚板：粘贴或铺钉均可。

(4) 架空式施工

1）将基层（找平层）清理干净，弹好水平标高控制线；

2）砌筑地垄墙：一般采用红砖、水泥砂浆或混合砂浆砌筑；其厚度应根据架空的高度及使用条件来确定；垄墙与垄墙的间距一般不宜大于2m，地垄墙的高度应符合设计标高，必要时其顶面层可考虑以水泥砂浆或豆石混凝土找平；地垄墙在砌筑时要预留120mm×120mm的通风孔洞，外墙每隔3～5m开设180mm×180mm的孔洞；如果该架空层内敷设了管道设备，需兼做维修空间时，则需考虑预留进人孔；

3）铺设垫木：在地垄墙与木搁栅（木龙骨）之间用垫木连接，垫木的厚度一般为50mm；垫木与地垄墙的连接，通常用18号铅丝绑扎，铅丝预先埋在砖砌体之中，垫木宜分段直接铺放于搁栅之下；也可用混凝土圈梁或压顶代替垫木，在地垄墙上部现浇混凝土圈梁，并预埋钢筋；

4）安放木搁栅（木龙骨）：木搁栅（木龙骨）的断面尺寸应根据地垄墙的间距来确定；其布置与地垄墙成垂直方向安放，间距应视房间的具体尺寸、设计要求来确定，一般为400mm，铺设找平后与垫木钉牢即可；

5）设置剪刀撑：剪刀撑布置于木搁栅之间，将每根木隔栅连成一个整体；

6）铺钉毛地板：在木搁栅之上铺钉的一层窄木板条，宜斜向铺设，与木搁栅成30°或45°角；

7）铺钉实木复合地板：在毛地板上满铺一层防潮垫，不用打胶；铺装实木复合地板，不用打胶，直接拼铺，实木复合地板拼缝若是普通企口，板材间接缝必须打胶，其他拼缝形式直接拼装，也可打胶进行封闭；

8）木踢脚板安装：粘贴或铺钉均可。

25.7 质量标准

25.7.1 主控项目

（1）实木复合地板面层所采用的条材和块材，其技术等级及质量要求应符合设计要求。木搁栅、垫木和毛地板等必须做防腐、防蛀处理。

检验方法：观察检查和检查材质合格证明文件及检测报告。

（2）木搁栅安装应牢固、平直。

检查方法：观察、脚踩检查。

（3）面层铺设应牢固；粘贴无空鼓。

检验方法：观察、脚踩或用小锤轻击检查。

25.7.2 一般项目

（1）实木复合地板面层图案和颜色应符合设计要求，图案清晰，颜色一致，板面无翘曲。

检查方法：观察、用2m靠尺和楔形塞尺检查。

（2）面层的接头应错开、缝隙严密、表面洁净。

检查方法：观察检查。

（3）踢脚线表面光滑，接缝严密，高度一致。

检查方法：观察和钢尺检查。

（4）实木复合地板面层的允许偏差应符合表25.7.2的规定。

木面层的允许偏差和检查方法　　单位：mm　　表25.7.2

项次	项 目	允许偏差 实木复合地板	检 验 方 法
1	板面缝隙宽度	0.5	用钢尺检查
2	表面平整度	2.0	用2m塞尺和楔形塞尺检查
3	踢脚线上口平齐	3.0	拉5m通线，不足5m
4	板面拼缝平直	3.0	拉通线和用钢尺检查
5	相邻板材高差	0.5	用钢尺和楔形塞尺检查
6	踢脚线与面层的接缝	1.0	楔形塞尺检查

25.8 成品保护

25.8.1 定期清洁、打蜡，局部脏迹可用清洁剂清洗。

25.8.2 用不滴水的拖布顺地板方向拖擦，避免含水率剧增。

25.8.3 防止阳光长期曝晒。

25.8.4 室内湿度≤40%时，应采取加湿措施，室内湿度≥100%时应通风排湿。

25.8.5 搬动重物、家具等，以抬动为宜，勿要拖拽。

25.9 安全环保措施

25.9.1 室内严禁在基层使用严重污染物质，如沥青、苯酚等。

25.9.2 复合木地板拼接施工时，除芯板为E1类外，应对其断面及无饰面部位进行密封处理（E1类限值甲醛含量为大于$0.12mg/m^3$。）。

25.9.3 施工作业场地严禁存放易燃品，场地周围不准进行明火作业，现场严禁吸烟。

25.9.4 施工时，注意对室内噪声的控制，必要时施工人员可带耳塞。

25.9.5 清理基层时，不得从窗口、洞口向外乱扔杂物，以免伤人。

25.9.6 施工中所用粘结剂应选用环保型，其性能指标应符合规范要求。

25.9.7 基层和面层清理时严禁使用丙酮等挥发、有毒的物质，应采用环保型清洁剂。

25.10 质量记录

25.10.1 实木复合地板面层的条材和块材的商品检验合格证。

25.10.2 木搁栅、毛地板含水率检测报告。

25.10.3 木搁栅、毛地板铺设隐蔽验收记录。

25.10.4 胶粘剂、人造板等有害物质含量检测记录和复试报告。

25.10.5 实木复合地板面层工程检验批质量验收记录。

25.10.6 其他记录。

26 中密度(强化)复合地板面层施工工艺标准

26.1 总 则

26.1.1 本工艺适用于民用室内和体育场所等的中密度(强化)复合地板铺设面层的施工。

26.1.2 本工艺不适用于对保温、地热、防静电、防辐射等有特殊要求的中密度(强化)复合地板铺设施工及验收。本标准不涉及木地板的基层施工验收。

26.1.3 编制参考标准及规范

(1)《建筑工程施工质量验收统一标准》(GB 50300—2001)
(2)《建筑地面工程施工质量验收规范》(GB 50209—2002)
(3)《木地板铺设面层验收规范》(WB/T1016—2002)
(4)《木地板保修期内面层检验规范》(WB/T1017—2002)
(5)《浸渍纸层压木质地板》(GB/T18102—2000)
(6)《木结构工程施工质量验收规范》(GB 50206—2002)
(7)《民用建筑工程室内环境污染控制规范》(GB 50325—2001)

26.2 术 语

26.2.1 建筑地面
建筑物底层地面(地面)和楼层地面(楼面)的总称。

26.2.2 面层
直接承受各种物理和化学作用的建筑地面表面层,本施工工艺标准指中密度（强化）复合地板面层。

26.2.3 基层

面层下的构造层，一般为水泥砂浆或混凝土基层。

26.2.4 浸渍纸层压木质地板——中密度（强化）复合地板

以一层或多层专用纸浸渍热固性氨基树脂，铺装在刨花板、中密度纤维板、高密度纤维板等人造板基材表面，背面加平衡层，经热压而成的地板。

26.2.5 表面耐磨

浸渍纸层压木质地板抗磨损能力指标，以将其磨损至装饰花纹出现破损点的转数表示。

26.2.6 甲醛释放量—穿孔法测定值

用穿孔萃取法测定的从 100g 绝干人造板萃取的甲醛量。

26.2.7 甲醛释放量—干燥器法测定值

用干燥器法测定的试件释放于吸收液（蒸馏水）中的甲醛量。

26.3 基本规定

26.3.1 所采用的材料应按设计要求和《建筑地面工程施工质量验收规范》（GB 50209—2002）的规定选用，并应符合国家标准的规定；中密度复合地板应有中文商品检验合格证。

26.3.2 中密度复合地板面层下的木搁栅、垫木、毛地板所采用木材、选材标准和铺设时木材含水率以及防腐、防蛀处理等，均应符合现行国家标准《木结构工程施工质量验收规范》（GB 50206—2002）的有关规定。所选用的材料，进场时应对其断面尺寸、含水率等主要技术指标按产品标准的规定进行检验，符合标准方准使用。

26.3.3 中密度复合地板面层下的木搁栅、垫木、毛地板的防腐、防蛀、防潮处理，其处理剂产品的技术质量标准必须符合现行国家标准《民用建筑室内环境污染控制规范》（GB 50325—

2001)的规定。

26.3.4 厕浴间、厨房和有排水(或其他液体)要求的建筑地面层与相连接各类面层的标高差应符合设计要求。

26.3.5 与厕浴间、厨房等潮湿场所相邻的实木面层连接处,应做防水(防潮)处理。

26.3.6 地板面层铺设在水泥类基层上,其基层表面应坚硬、平整、洁净、干燥、不起砂。

26.3.7 室内地面工程的中密度复合地板搁栅下架空结构层(或构造层)符合设计和标准要求后方可进行面层的施工。

26.3.8 中密度复合地板面层的通风构造层包括室内通风沟、室外通风窗等,均应符合设计要求。

26.3.9 中密度复合地板分项工程施工质量的主控项目必须达到规范规定要求。一般项目80%以上的检查点(处)符合规范规定的质量要求,其他检查点(处)不得影响使用,并不得大于允许偏差值的50%为合格。达不到质量标准要求时,应按《建筑工程质量验收统一标准》(GB 50300—2001)的规定进行处理。

26.3.10 木地板下填充的轻质隔声材料一定要进行干燥。

26.3.11 木地板面层镶边时,如设计无要求,应用同类材料镶边。

26.3.12 木地板的面层验收,应在竣工后三天内验收。

26.3.13 建筑地面面层工程应按每一层次或每一施工段或变形缝作为检验批,高层建筑的标准层可按每三层作为检验批,不足三层按三层计。每一检验批应以各类面层划分的分项工程按自然间或标准间检验,抽查数量应随机检验不应少于3间;不足3间应全数检查;其中走廊过道应以10延长米为1间,礼堂、门厅应以两个轴线为1间计算。

26.3.14 建筑地面分项工程施工质量检验的主控项目,必须达到《建筑地面工程施工质量验收规范》(GB 50209—2002)规定的质量标准,认定为合格;一般项目80%以上的检查点(处)符合上述规范规定的质量要求,其他检查点(处)不得有明显影响使用，并不得大于允许偏差值的50%为合格。凡达不到质量标准时，应按照现行国家标准《建筑工程施工质量验收统一标准》(GB 50300—2001)的规定处理。

26.4 施工准备

26.4.1 技术准备

（1）面层使用中密度（强化）复合木地板的质量应符合规范要求。在铺设前，应得到用户对质量、数量等验收认可，还应对花色、型号、含水率、颜色、油漆、尺寸偏差、加工精度、甲醛含量等验收认可。

（2）中密度（强化）复合木地板的铺设方法、工艺步骤、基层材料、质量要求、工期、验收规范等在铺设前应得到用户认可，施工方应严格执行。

（3）中密度复合地板大面积铺设前，应做样板间，经验收合格后，再大面积铺设。

26.4.2 材料要求

（1）中密度（强化）复合地板规格

中密度（强化）复合地板规格见表26.4.2-1

中密度（强化）复合地板规格一览表　单位：mm　　表26.4.2-1

宽度	长度							
182	—	1200	—	—	—	—	—	—
185	1180	—	—	—	—	—	—	—
190	—	1200	—	—	—	—	—	—
191	—	—	—	1210	—	—	—	—
192	—	—	1208	—	—	1290	—	—
194	—	—	—	—	—	—	1380	—
195	—	—	—	1280	1285	—	—	—
200	—	1200	—	—	—	—	—	—
225	—	—	—	—	—	—	—	1820

1) 中密度（强化）复合地板的厚度为6，7，8（8.1，8.2，8.3），9mm。

2) 经供需双方协议可以生产其他规格的浸渍纸层压木质地板。

3) 中密度（强化）复合地板的尺寸偏差应符合规范规定。

(2) 外观质量要求见表26.4.2-2。

中密度（强化）复合地板外观质量要求一览表 表26.4.2-2

缺陷名称	正面			背面
	优等品	一等品	合格品	
干、湿花	不允许		总面积不超过板面的3%	允许
表面划痕	不允许			不允许露出基材
表面压痕	不允许			
透底	不允许			
光泽不均	不允许		总面积不超过板面的3%	允许
污斑	不允许	≤3mm²，允许1个/块	≤10mm²，允许1个/块	允许
鼓泡	不允许			≤10mm²，允许1个/块
鼓包	不允许			≤10mm²，允许1个/块
纸张撕裂	不允许			≤100mm，允许1处/块
局部缺纸	不允许			≤20mm²，允许1处/块
崩边	不允许			允许
表面龟裂	不允许			不允许
分层	不允许			不允许
榫舌及边角缺损	不允许			不允许

(3) 理化性能

各项理化性能见表26.4.2-3。

中密度（强化）复合地板的理化性能一览表　　表 26.4.2-3

检验项目	单位	优等品	一等品	合格品
静曲强度	MPa	≥40.0		≥30.0
内结合强度	MPa	≥1.0		
含水率	%	3.0～10.0		
密度	g/cm^3	≥0.80		
吸水厚度膨胀率	%	≤2.5	≤4.5	≤10.0
表面胶合强度	MPa	≥1.0		
表面耐冷热循环	—	无龟裂、无鼓泡		
表面耐划痕	—	≥3.5N 表面无整圈连续划痕	≥3.5N 表面无整圈连续划痕	≥2.0N 表面无整圈连续划痕

（4）辅助材料：踢脚板、木搁栅（木龙骨）、垫木、毛地板、防潮垫、粘结剂等。

26.4.3 主要机具

木工手刨、电刨、手提钻、电锯、刮刀（铲刀）、橡皮（木）锤、锤子、螺丝刀、量具等。

26.4.4 作业条件

（1）基层干净、无浮土、无施工废弃物，基层干燥，含水率在 8% 以下。

（2）干燥：应达到或低于当地平衡湿度和含水率，严禁含湿施工，并防止有水源处向地面渗漏，如暖气出水处，厨房和卫生间接口处等。

（3）平整：用 2m 靠尺检验应小于 5mm。

（4）牢固：基层材料应是优质合格产品，并按序固接在地基上，不松动。

（5）伸缩缝：龙骨间、龙骨与墙体间、毛地板间、毛地板与墙体间均应留有伸缩缝。

（6）耐腐：用干燥耐腐材（宽度>35mm）作龙骨。严禁用细木工板料做龙骨。用针叶板材、优质多层胶合板（厚度>9mm）作毛地板料，严禁整张使用，必要时须进行涂防腐油漆处理和防虫害处理。

（7）与厕浴间、厨房等潮湿场所相邻木地板面层连接处应作防水（防潮）处理。

（8）所有中密度（强化）复合地板基层验收，应在木地板面层施工前达到验收合格，否则不允许进行面层铺设施工。

（9）严禁在木地板铺设时，与其他室内装饰装修工程交叉混合施工。

26.5 材料和质量要点

26.5.1 材料的关键要求

（1）所选用的材料，进场时应观察检查和检查材质合格证明文件及检测报告，并对材料断面尺寸、含水率等主要技术指标进行抽检，抽检数量应符合产品标准的规定。

（2）中密度复合地板面层材料以及面层下的板或衬垫等材质必须符合设计要求，其技术等级和质量要求应符合设计要求。

（3）木搁栅、垫木和毛地板等必须作防腐、防蛀及防火处理。

（4）胶粘剂：应采用具有耐老化、防水和防菌无毒等性能的材料，或按设计要求选用。胶粘剂应符合现行国家标准《民用建筑工程室内环境污染控制规范》（GB 50325—2001）的规定。

26.5.2 技术关键要求

（1）采取实铺式铺设中密度复合地板面层时，其木搁栅的截面尺寸、间距和稳固方法等均应符合设计要求。木搁栅固定时，不得损坏基层和预埋管线。木搁栅应垫实钉牢，与墙之间应留30mm的缝隙，表面要平直，表面平整度控制在3mm。

（2）毛地板铺设时，木材髓心应向上，其板间缝隙不应大于3mm，与墙之间应留8~12mm的空隙，表面应刨平。

（3）中密度复合地板面层铺设时，相邻条板接头位置应错开不小于300mm距离，衬垫及面层与墙之间应留不小于10mm

空隙。

(4) 用干燥耐腐材（宽度＞35mm）作龙骨，严禁用细木工板料作龙骨。用针叶板材作毛地板料，严禁整张使用，必要时须进行涂防腐油漆处理和防虫害处理。

(5) 大面积铺设复合地板面层时，应分段铺设，分段缝的处理符合设计要求。

26.5.3 质量关键要求

(1) 行走有声响：地板平整度不够或木搁栅安装不牢固、平直；地板基层平整度允许偏差应控制在2mm以内，木搁栅固定宜采用在混凝土内予埋膨胀螺栓固定，或采用在混凝土内钉木楔铁钉固定。不宜用铁丝固定，因为铁丝不易绞紧，一旦松动，面层上有人走动时就会发出响声，同时铁丝易锈蚀断裂，隐患较大。

(2) 面层缝隙严密、表面洁净：木地板四周离墙应保证有10~20mm的缝隙，以调节因温度变形而引起的伸缩；木地板铺贴时胶粘剂涂抹均匀，并控制板缝宽度允许偏差0.5mm；板面上多余的胶粘剂要马上清理，以防污染地板面层；加强成品保护。

26.5.4 职业健康安全关键要求

(1) 清理地面时，要防止碎屑崩入眼内；

(2) 使用电动工具时，防护要到位；

(3) 进入施工现场必须戴安全帽，穿防护鞋，避免作业环境导致物体打击等事故；

(4) 施工期间要做好安全交底。

26.5.5 环境关键要求

(1) 所用材料应为环保产品，产品存放应在指定地点。

(2) 施工中余下的边角料、锯末要及时清理，存放在指定地点，并防止扬尘。

(3) 胶粘剂空桶严禁长期在室内放置，剩下的胶粘剂不用时要及时盖盖封存，严禁长时间暴露，污染环境。

(4) 木地板施工完后，房间应做好通风。

26.6 施工工艺

该施工工艺共有三种形式：粘贴式、实铺式、架空式。现常用的做法是粘贴式和实铺式，架空式中密度（强化）复合地板做法已不太常用。

26.6.1 工艺流程

（1）粘贴式施工

基层清理→弹线、找平→铺防潮垫→安装强化地板→木踢脚板安装

（2）实铺式施工

1）单层条式

基层清理→弹线、找平→安装木搁栅（木龙骨）→填充轻质材料→安装强化地板→木踢脚板安装

2）双层条式

基层清理→弹线、找平→安装木搁栅（木龙骨）→铺毛地板→铺防潮垫→安装强化地板→木踢脚板安装

（3）架空式施工

基层清理→弹线→砌地垄墙→铺垫木→安放木搁栅（木龙骨）→设置剪刀撑→铺钉毛地板→铺钉强化地板→木踢脚板安装

26.6.2 操作工艺

（1）粘贴式施工

1）将基层（找平层）清理干净，弹好水平标高控制线；

2）在找平层上满铺防潮垫，不用打胶；若采用条铺防潮垫，可采用点铺方法；

3）在防潮垫上铺装强化地板，宜采用点粘法铺设；

4）防潮垫及强化地板面层与墙面之间应留不小于 10mm 空隙，相邻板材接头位置应错开不小于 300mm 距离；

5）强化地板粘铺后可用橡皮锤子敲击使其粘接均匀、牢固；

6）粘贴踢脚板。

(2) 实铺式（单层条式）施工

1）将基层（找平层）清理干净，弹好+50cm 线；

2）在基层（找平层）上弹出木龙骨位置线及标高，木龙骨断面呈梯形，宽面在下，其截面尺寸及间距应符合设计要求；按线将龙骨放平放稳，用垫木找平，垫实钉牢；木龙骨与墙之间留出 30mm 的缝隙，再依次摆正中间的龙骨，若设计无要求则龙骨间距按 300mm，且表面应平直；

3）在龙骨之间填充干炉渣或其他保温、隔声等轻质材料；

4）强化地板面层与墙面之间应留不小于 10~20mm 的空隙，以后逐条板排紧，强化地板与龙骨间应钉牢、排紧；铺钉方法宜采用暗钉，钉子以 45°或 60°角钉入，可使接缝进一步靠紧；

5）强化地板的接头要在龙骨中间，相邻板材接头位置应错开不小于 300mm 距离；

6）安装踢脚板：粘贴或铺钉均可。

(3) 实铺式（双层条式）施工

1）将基层（找平层）清理干净，弹好水平标高控制线；

2）在基层（找平层）上弹出木龙骨位置线，按线将龙骨放平放稳，用垫木找平，垫实钉牢；木龙骨断面呈梯形，宽面在下，其截面尺寸及间距应符合设计要求；木龙骨距墙留出 30mm 的缝隙，再依次摆正中间的龙骨，龙骨间距若设计无要求按 300mm。

3）满铺毛地板，将其钉在木龙骨上。毛地板与木龙骨垂直铺钉，若大面积宜斜向铺设，宜与木龙骨角度为 30°或 45°，毛地板应四周钉头，钉距应不小于 350mm；

4）在毛地板上满铺一层防潮垫，不用打胶；铺装强化地板，不用打胶，直接拼铺，强化地板拼缝若是普通企口，板材间接缝必须打胶，其他拼缝形式直接拼装，也可打胶进行封闭；

5）强化地板面层与墙面之间应留不小于 10mm 空隙；

6）安装踢脚板：粘贴或铺钉均可。

(4) 架空式施工

1）将基层（找平层）清理干净，弹好水平标高控制线；

2）砌筑地垄墙：一般采用红砖、水泥砂浆或混合砂浆砌筑；其厚度应根据架空的高度及使用条件来确定；垄墙与垄墙的间距一般不宜大于 2m，地垄墙的高度应符合设计标高，必要时其顶面层可考虑以水泥砂浆或豆石混凝土找平；地垄墙在砌筑时要预留 120mm×120mm 的通风孔洞，外墙每隔 3～5m 开设 180mm×180mm 的孔洞；如果该架空层内敷设了管道设备，需兼做维修空间时，则需考虑预留进人孔；

3）铺设垫木：在地垄墙与木搁栅（木龙骨）之间用垫木连接，垫木的厚度一般为 50mm；垫木与地垄墙的连接，通常用 18 号铁丝绑扎，铁丝预先埋在砖砌体之中，垫木宜分段直接铺放于搁栅之下；也可用混凝土圈梁或压顶代替垫木，在地垄墙上部现浇混凝土圈梁，并预埋钢筋；

4）安放木搁栅（木龙骨）：木搁栅（木龙骨）的断面尺寸应根据地垄墙的间距来确定；其布置与地垄墙成垂直方向安放，间距应视房间的具体尺寸、设计要求来确定，一般为 400mm，铺设找平后与垫木钉牢即可；

5）设置剪刀撑：剪刀撑布置于木搁栅之间，将每根木搁栅连成一个整体；

6）铺钉毛地板：在木搁栅之上铺钉的一层窄木板条，宜斜向铺设，与木搁栅成 30°或 45°角；

7）铺钉强化地板：在毛地板上满铺一层防潮垫，不用打胶；铺装强化地板，不用打胶，直接拼铺，强化地板拼缝若是普通企口，板材间接缝必须打胶，其他拼缝形式直接拼装，也可打胶进行封闭；

8）木踢脚板安装：粘贴或铺钉均可。

26.7 质量标准

26.7.1 主控项目

(1) 中密度(强化)复合地板面层所采用的材料,其技术等级及质量要求应符合设计要求。木搁栅、垫木和毛地板等必须做防腐、防蛀处理。

检验方法:观察检查和检查材质合格证明文件及检测报告。

(2) 木搁栅安装应牢固、平直。

检查方法:观察、脚踩检查。

(3) 面层铺设应牢固;粘贴无空鼓。

检验方法:观察、脚踩或用小锤轻击检查。

26.7.2 一般项目

(1) 中密度(强化)复合地板面层图案和颜色应符合设计要求,图案清晰,颜色一致,板面无翘曲。

检验方法:观察、用2m靠尺和楔形塞尺检查。

(2) 面层的接头应错开、缝隙严密、表面洁净。

检验方法:观察检查。

(3) 踢脚线表面应光滑,接缝严密,高度一致。

检验方法:观察和钢尺检查。

(4) 中密度(强化)复合地板面层的允许偏差和检验方法见表26.7.2

中密度(强化)复合地板面层的
允许偏差和检验方法 (单位:mm) 表26.7.2

项次	项目	允许偏差	检验方法
1	板面缝隙宽度	0.5	用钢尺检查
2	表面平整度	2.0	用2m靠尺和楔形塞尺检查
3	踢脚线上口平齐	3.0	拉5m通线,不足5m拉通线和用钢尺检查
4	板面拼缝平直	3.0	
5	相邻板材高差	0.5	用钢尺和楔形塞尺检查
6	踢脚线与面层的接缝	1.0	楔形塞尺检查

26.8 成品保护

26.8.1 地板材料应码放整齐,使用时轻拿轻放,不可乱扔乱堆,已免损坏棱角,并防止污染,不得受潮、雨淋和暴晒。

26.8.2 铺钉踢脚板时,不应损坏墙面抹灰层。

26.8.3 铺设完的地板应:

(1) 定期清洁,局部脏迹可用清洁剂清洗。
(2) 用不滴水的拖布顺地板方向拖擦,避免含水率剧增。
(3) 防止阳光长期曝晒。
(4) 室内湿度≤40%时,应采取加湿措施,室内湿度≥100%时应通风排湿。
(5) 搬动重物、家具等,以抬动为宜,勿要拖拽。

26.9 安全环保措施

26.9.1 室内严禁在基层使用严重污染物质,如沥青、苯酚等。

26.9.2 复合地板拼接施工时,除芯板为 E1 类外,应对其断面及无饰面部位进行密封处理。(E1 类限值甲醛含量为大于 $0.12mg/m^3$。)

26.9.3 施工作业场地严禁存放易燃品,场地周围不准进行明火作业,现场严禁吸烟。

26.9.4 施工时,注意对室内噪声的控制,必要时施工人员可带耳塞。

26.9.5 清理基层时,不得从窗口、洞口向外乱扔杂物,以免伤人。

26.9.6 基层和面层清理时严禁使用丙酮等挥发、有毒的物质,应采用环保型清洁剂。

26.10 质量记录

26.10.1 中密度复合地板面层材料、面层下的板或衬垫的商品检验合格证。
26.10.2 木搁栅、毛地板含水率检测报告。
26.10.3 木搁栅、毛地板铺设隐蔽验收记录。
26.10.4 胶粘剂、人造板等有害物质含量检测记录和复试报告。
26.10.5 中密度复合地板面层工程检验批质量验收记录。
26.10.6 其他记录。

27 竹地板面层施工工艺标准

27.1 总则

27.1.1 适用范围

本工艺标准适用于以竹材为主要原料的室内用长条企口地板，适用于一般民用建筑或有高级建筑装饰要求的竹地板的施工。

本工艺标准不适用于对保温、地热、防静电、防辐射等特殊要求的竹地板铺设的施工及验收。本标准不涉及竹地板的基层施工验收。

27.1.2 编制参考标准及规范

(1)《建筑工程施工质量验收统一标准》(GB 50300—2001)

(2)《建筑地面工程施工质量验收规范》(GB 50209—2002)

(3)《竹地板》(LY/T1573—2000)

(4)《木地板铺设面层验收规范》(WB/T1016—2002)

(5)《木结构工程施工质量验收规范》(GB 50206)

(6)《人造板及饰面人造板理化性能试验方法》(GB/T 17657—1999)

(7)《民用建筑工程室内环境污染控制规范》(GB 50325—2001)

27.2 术语

27.2.1 术语

(1) 竹地板：把竹材加工成竹片后，再用胶粘剂胶合、加工成的长条企口地板。

（2）腐朽：由于腐朽菌的侵入，使细胞壁物质发生分解，导致竹材组织结构松散，强度和密度下降，竹材组织颜色变化的现象。

（3）裂纹：竹纤维沿竹材纹理方向分离。

（4）虫孔：蛀虫或其幼虫在竹材中蛀成的孔和虫道。

（5）缺棱：因竹片宽度不够、砂磨、刨削或碰撞所造成的棱边缺损。

（6）拼接离缝：相邻竹片之间拼接缝隙。

（7）波纹：切削和砂磨时在加工表面上留下的形状和大小相近且有规律的波状痕迹。

（8）鼓泡：漆膜表面鼓起的大小不一的气泡

（9）针孔：漆膜干燥过程中收缩产生的小孔。

（10）皱皮：因漆膜收缩而造成的表面发皱现象。

（11）漏漆：局部没有漆膜。

（12）粒子：漆膜表面粘附颗粒状杂物。

（13）霉变：因滋生霉菌而造成材质和彩色的变化。

27.2.2 符号

（1）ave：平均值（average）。

（2）max：最大值（maximum）。

（3）min：最小值（minimum）。

（4）其他符号见各表。

27.3 基本规定

27.3.1 所采用的材料应按设计要求和《建筑地面工程施工质量验收规范》（GB 50209—2002）的规定选用，并应符合国家标准的规定；竹地板应有中文商品检验合格证。

27.3.2 竹地板面层下的木龙骨、毛地板所采用木材、选材标准和铺设时木材含水率以及防腐、防蛀处理等，均应符合现行国家标准《木结构工程施工质量验收规范》(GB 50206—2002)的有关规定。所选用的材料，进场时应对其断面尺寸、含水率等主要技术指标按产品标准的规定进行检验，符合标准方准使用。

27.3.3 竹地板面层下的木龙骨、毛地板的防腐、防蛀、防潮处理，其处理剂产品的技术质量标准必须符合现行国家标准《民用建筑室内环境污染控制规范》(GB 50325—2001)的规定。

27.3.4 与厕浴间、厨房和有排水（或其他液体）要求的建筑地面层与相连接各类面层的标高差应符合设计要求。

27.3.5 与厕浴间、厨房等潮湿场所相邻的竹地板面层连接处，应做防水（防潮）处理。

27.3.6 竹地板面层铺设在水泥类基层上，其基层表面应坚硬、平整、洁净、干燥、不起砂。

27.3.7 室内地面工程的竹面层搁栅下架空结构层（或构造层）符合设计和标准要求后方可进行面层的施工。

27.3.8 竹地板面层的通风构造层包括室内通风沟、室外通风窗等，均应符合设计要求。

27.3.9 竹地板下填充的轻质隔声材料一定要进行干燥。

27.3.10 竹地板面层镶边时如设计无要求，应用同类材料镶边。

27.3.11 地板的面层验收，应在竣工后三天内验收。

27.3.12 竹地板分项工程施工质量的主控项目必须达到规范规定要求。一般项目80%以上的检查点（处）符合规范规定的质量要求，其他检查点（处）不得影响使用，并不得大于允许偏差值的50%为合格。达不到质量标准要求时，应按《建筑工程质量验收统一标准》(GB 50300—2001)的规定进行处理。

27.3.13 建筑地面面层工程应按每一层或每一施工段或变形缝作为检验批，高层建筑的标准层可按每三层作为检验批，不足三层按三层计。每一检验批应以各类面层划分的分项工程按自然间或标准间检验，抽查数量应随机检验不应少于3间；不足3间应全数检查；其中走廊过道应以10延长米为1间，礼堂、门厅应以两个轴线为1间计算。

27.3.14 建筑地面分项工程施工质量检验的主控项目，必须达到《建筑地面工程施工质量验收规范》(GB 50209—2002) 规定的质量标准，认定为合格；一般项目 80% 以上的检查点（处）符合上述规范规定的质量要求，其他检查点（处）不得有明显影响使用，并不得大于允许偏差值的 50% 为合格。凡达不到质量标准时，应按照现行国家标准《建筑工程施工质量验收统一标准》(GB 50300) 的规定处理。

27.4 施工准备

27.4.1 技术准备

（1）竹地板面层所采用的材料，其技术等级及质量要求应符合设计规范要求。所选用的材料进场时应观察检查和检查材质合格证明文件及性能检测报告，并对其型号、含水率、尺寸偏差、甲醛含量等主要技术指标进行抽检，抽检数量应符合产品标准的规定。

（2）竹地板的铺设方法、工艺步骤、基层材料、质量要求、工期、验收规范等在铺设前应得到设计认可，施工方应严格执行。

（3）安装时要根据房间的几何形状和板块的规格，预先进行板块排板。将那些需要用钉子从上面钉住的或者需要采取其他修正措施的地方，尽量放在房间不显眼的角落。

（4）把地板包装全都解开，在房间里放置 7 至 10 天，采用"时效法"让竹地板逐步适应使用环境的温度及湿度等。

（5）注意严格控制同一部位采用同一厂、同一批的板块，且在安装之前，把 4 至 5 纸箱的地板平铺在安装架上，进行适当分选，将色差随机打散。

27.4.2 材料要求

（1）竹地板

竹地板按加工形式（或结构）可分为三种类型：平压型，侧压型和平、侧压型（工字型），如图27.4.2所示；按表面颜色可分为三种类型：本色型、漂白型和碳化色型（竹片再次进行高温高压碳化处理后所形成）；按表面有无涂饰可分为三种类型：亮光型、亚光型和素板。

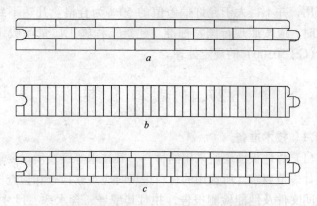

图27.4.2 竹地板类型（按结构分）
a—平压型；b—侧压型；c—工字型（平、侧压型）

竹地板易于加工，有不同的规格尺寸，也可以根据用户要求加工特殊规格的板材。

（2）毛地板

宜采用厚度>9mm的大芯板、复合板等成品板材，表面应平整、无翘曲，允许偏差2mm，用2m靠尺检查；含水率与竹地板接近。如采用木材，木材髓心应向上，表面应刨平。

（3）木龙骨

宜采用松木、杉木等不易腐蚀、不易开裂的木材制作加工，规格尺寸符合设计要求。

（4）其他材料：木楔、防潮纸（防潮漆）、氟化钠或其他防腐材料、50～100mm钉子、扒钉、镀锌木螺丝、隔声材料、地板蜡等

27.4.3 主要机具

斧子、锤子、冲子、凿子、改锥、方尺、钢尺、割角尺、墨

斗、小电锯、小电刨、手枪钻、手锯、手刨、靠尺、笤帚、抹布等。

27.4.4 作业条件

（1）墙体抹灰、地面基层（包括水电预埋管线、水电管洞塞堵及土建预埋等）已按设计要求施工完毕，水平标高控制线弹好，经检查合格并办理相应手续。

（2）暖卫管道试水、打压完成，并已经验收合格。

（3）各种材料已备齐，质量经检查符合有关质量标准要求。工具准备完毕。

27.5 材料和质量要点

27.5.1 材料的关键要求

成品竹地板宜采用热压法制作、高温高压拼装定型，应在加工过程中加入防虫防酶剂浸泡，再经过高温蒸煮烘干等工艺，以保证成品板块强度和韧性以及防虫防腐性能。涂饰竹地板面层宜采用耐磨UV漆，留有标准企口（单企口和双企口，一般不采用截口和平缝）。

竹地板含水率应根据各地的湿度而确定，北方地区空气干燥，其竹地板含水率宜在8%~12%之间；南方地区空气湿度较大，其竹地板含水率宜在10%~14%之间。

竹地板尺寸、规格应满足设计要求，且应符合规范规定，允许偏差符合规范规定。常用规格及允许偏差如表27.5.1-1所示。

竹地板规格尺寸、允许偏差及检查方法　　表27.5.1-1

序号	项目	单位	规格尺寸	允许偏差	检测方法
1	地板条表层长度 l	mm	450, 610, 760, 900, 915	$\Delta l_{ave} \leqslant 0.5$	用钢板尺在板宽中心检查
2	地板条表层宽度 ω	mm	75, 90, 100	$\Delta \omega_{ave} \leqslant 0.15$ $\omega_{max} - \omega_{min} \leqslant 0.3$	用游标卡尺在距两端20mm处测量

续表

序号	项目	单位	规格尺寸	允许偏差	检测方法
3	地板条厚度 t	mm	9, 12, 15, 18, 20	$\Delta t_{ave} \leqslant 0.5$ $t_{max} - t_{min} \leqslant 0.5$	用千分尺在竹地板条四边中点距边10mm测量
4	地板条直角度 q	mm		$q_{max} \leqslant 0.2$	用直角尺紧靠地板条长边,用塞尺测量另一边端头的最大偏差
5	地板条直线度 s	mm/m		$s_{max} \leqslant 0.3$	用钢板尺紧靠地板条长边,用塞尺测量二者之间的最大间隙
6	地板条翘曲度 f	%		$f_{1,max} \leqslant 1$ $f_{\omega,max} \leqslant 0.2$	用钢板尺紧靠地板条凹面,测量二者之间的最大弦高
7	地板条拼装高差 h	mm		$h_{ave} \leqslant 0.2$ $h_{max} \leqslant 0.3$	将随机抽样的10条地板条放置在平台上、紧密拼装,用千分尺和塞尺测量其高差和离缝
8	地板条拼装离缝 o	mm		$o_{ave} \leqslant 0.2$ $o_{max} \leqslant 0.3$	

竹地板外观质量要求如表27.5.1-2所示。

竹地板外观质量要求 表27.5.1-2

序号	项目		优等品	一等品	合格品
1	未刨部分和刨痕	表、侧面	不许有		轻微
		背面	允许		
2	榫舌残缺	残缺长度	不许有	≤全长的10%	≤全长的20%
		残缺宽度	不许有	≤2mm	
3	腐朽		不许有		
4	色差		不明显	轻微	允许
5	裂纹		不许有	允许一条,宽度≤0.2mm 长度≤板长的10%	允许一条,宽度≤0.2mm 长度≤板长的20%

续表

序号	项目	优等品	一等品	合格品
6	虫孔	不许有		
7	波纹	不许有		不明显
8	缺棱	不许有		
9	拼接离缝	不许有		允许一条，宽度≤0.2mm 长度≤板长的30%
10	污染	不许有		≤板面积的5%（累计）
11	霉变	不许有	不明显	轻微
12	鼓泡（$\phi \leqslant 0.5$mm）	不许有	每块板不超过3个	每块板不超过5个
13	针孔（$\phi \leqslant 0.5$mm）	不许有	每块板不超过3个	每块板不超过5个
14	皱皮	不许有		≤板面积的5%
15	漏漆	不许有		≤板面积的5%
16	粒子	不许有		轻微

注：1. 不明显——正常视力在自然光下，距地板0.4m，肉眼观察不明显。

2. 轻微——正常视力在自然光下，距地板0.4m，肉眼观察不显著。

3. 竹地板背面、侧面如有虫孔、裂纹等应用腻子修补。

4. 鼓泡、针孔、皱皮、漏漆、粒子为涂饰竹地板检测项目。

各种尺寸及性能检测可委托专业试验室进行，具体取样、检测方法可按照中华人民共和国林业标准《竹地板》（LY/T 1573—2000）执行。

竹地板的各项性能应满足表27.5.1-3的规定。

竹地板理化性能指标　　表27.5.1-3

序号	项目	单位	指标值	参照规范标准的方法
1	含水率	%	6~14	按GB/T 17657—1999执行

续表

序号	项目		单位	指标值	参照规范标准的方法
2	静曲强度	厚度≤15mm	MPa	≥98	按GB/T17657—1999执行
		厚度＞15mm		≥90	
3	浸渍剥离试验		mm	任一胶层的累计剥离长度≤25	按GB/T17657—1999中Ⅱ类浸渍剥离试验法进行，干燥时间为10h
4	硬度		MPa	≥55.0	按GB/T 1941执行
5	表面漆膜耐磨性	磨耗转数	r	磨100转后表面留有漆膜	按GB/T17657—1999执行
		磨耗值	g/100r	≤0.08	
6	表面漆膜耐污染性			无污染痕迹	按GB/T17657—1999执行
7	表面漆膜附着力			割痕及割痕交叉处允许有少量断续剥落	按GB/T 4893.4执行
8	表面漆膜光泽度		%	≥85（有光）	
9	24h吸水膨胀率		%	≤2.5～10.0	
10	甲醛释放量		mg/100g	A类＜9 B类9～40	按GB/T 17657—1999及GB 50325—2001的穿孔法执行
11	表面抗冲击性（落球高度）		mm	≥1000，压痕直径≤10，无裂纹	按GB/T 17657—1999执行

注：各种性能检测可委托专业试验室进行，具体取样、检测方法可按照中华人民共和国林业部标准《竹地板》（LY/T 1573—2000）执行。

27.5.2 技术关键要求

（1）用干燥耐腐蚀的材料做龙骨料（宽度大于35mm），严禁细木工板料做龙骨料；用针叶板材或优质多层胶合板（厚度大于9mm）做毛地板料，严禁整张使用。

(2) 竹地板宜顺着室内光线铺设或与进门方向一致铺设，走廊或较小面积的房间竹地板应与较长的墙壁平行，以满足视觉效果。

27.5.3 质量关键要求

(1) 地面基层应平整干燥，达到或低于当地平衡湿度和含水率，严禁含湿作业，并防止有水源处向地面渗漏，底层房间、阴雨季节较长地区的房间、与厨卫间等潮湿场所相连的地面应做防潮处理，厨卫间不宜施工竹地板。

(2) 龙骨间、龙骨与墙体间、毛地板间、毛地板与墙体间均应留有伸缩缝。

(3) 龙骨、毛地板和垫木等应做防腐、防虫处理。架空竹地板下、龙骨之间严禁留有施工的木屑、刨花等，以防腐防虫。

(4) 铺钉竹地板时必须用电钻在竹地板上钻孔后再用钉子或螺丝固定，不能直接铺钉。

(5) 在竹地板铺设时，不宜与其他室内装饰装修工程交叉混合施工。

27.5.4 职业健康安全关键要求

(1) 施工时产生的易燃物品（如小木楔、刨花等）应及时清理。

(2) 基层和面层清理时严禁使用丙酮等挥发、有毒的物质，应采用环保型清洁剂。

(3) 木材加工时，作业人员宜佩戴口罩，防止吸入粉尘；且注意对噪声的控制，必要时作业人员可带耳塞。

(4) 操作手提电动机具的人员应佩戴绝缘手套、穿胶鞋等，保证用电安全。

27.5.5 环境关键要求

(1) 提高环保意识，严禁在室内基层使用有严重污染物质，如沥青、苯酚等。

(2) 施工作业面禁止吸烟、禁止出现明火，防止火灾事故发生。

(3) 施工过程中所产生的噪声应符合《城市区域环境噪声标准》及各地方条例法规的规定；所产生的粉尘、颗粒物等应符合《中华人民共和国大气污染防治法》及《大气污染物综合排放标准》的规定。

27.6 施工工艺

27.6.1 工艺流程

基层处理→木龙骨安装→毛板铺设→竹地板安装→安装踢脚板

27.6.2 操作工艺

（1）基层处理

基层残留的砂浆、浮灰及油渍应洗刷干净，晾干后方可进行施工。基层表面应平整坚实、洁净、干燥不起砂，在几个不同的地方测量地面的含水率，以了解整个地面干湿情况，含水率应与竹地板含水率接近；平整度用2m靠尺检查，允许偏差不大于2mm。墙面垂直，阴阳角方正。

阴雨季节较长的地区、底层地面无特殊处理的基层、墙角、墙边等、与厨卫间等潮湿场所相连的部位在铺设前必须做好防潮处理，防潮材料可视情况在地面上涂上一层防潮漆，或使用带塑膜的防水聚乙烯薄膜、防水纸、PE防潮布、油毡（各种材料界面处应搭接均不小于100mm）等。靠墙角处的防潮布或漆应折叠至墙角以上不小于80mm，且保持完好。

（2）木龙骨安装

竹地板木龙骨安装可采用以下三种方式：

1）井字架龙骨铺装法：铺设龙骨时，选用（20～40mm）×（40～50mm）的龙骨（松木或杉木等）在施工地面上用水泥钢钉钉铺成300mm×300mm或250mm×250mm见方的井字形骨架。（一般装修档次要求较高的房间宜采用此种铺设方法，上面通常设置毛板）

2) 条形龙骨铺装法：选用（20～40mm）×（40～50mm）的龙骨按 1/2 竹地板长度为间隔（且间距宜控制在 250mm 左右），用水泥钢钉平行固定于地面上。（此方法较为经济、适用）

3) 竹地板直接贴地铺装法：地面平整度较高的地面上可直接贴地铺装竹地板，而不必敷设木龙骨。（一般双企口的竹地板可采用此方法）

木龙骨与地面基层连接可采用预埋的铁丝将其绑扎牢固，但一般地面施工时均无预埋，可用钢钉（50mm）或膨胀螺栓直接将龙骨固定，间距宜在 250mm 左右，端部应钉实。

龙骨与地面连接严禁采用水泥圈抱。

木龙骨与墙之间应留出 30mm 的缝隙，表面刨平，安装顺直。

施工时先按设计龙骨间距弹出龙骨间距墨线和龙骨标高控制线，将龙骨对准中线依次摆好，必要时可临时钉设木拉条，使之互相牵拉着，然后用钢钉等固定牢固。顶面不平处，根据龙骨标高控制线在房间四周和对角拉小线控制标高，在木龙骨下塞入小木楔或用小电刨或手刨将龙骨顶面刨平，整个龙骨形成一个平整的平面，且标高准确。竹地板构造层次如图 27.6.2-1 所示。

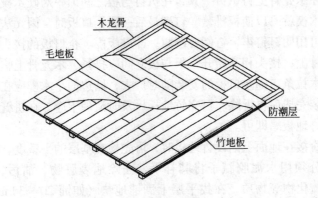

图 27.6.2-1 竹地板安装构造层次

(3) 毛板铺设

木龙骨铺设安装后，可直接安装竹地板，但宜在木龙骨上铺设一层大于9mm的毛板（复合板或大芯板等）。毛板宽度不宜大于120mm，与木龙骨成45°或30°方向铺钉，也可垂直于龙骨铺设，毛板板间缝隙不应大于3mm，与墙之间应留8～12mm的缝隙。每块毛地板应在每根木龙骨上各钉两个钉子固定，钉距小于350mm，端部须钉牢。钉子的长度应为板厚的2～2.5倍（宜采用40mm规格）。钉铺竹地板前，宜在毛板上先铺设一层沥青纸（或油毡），以隔声和防潮用。

(4) 竹地板安装

安装前先在木龙骨或毛板上弹出基准线（一般选择靠墙边、远门端的第一块整板作为基准板，其位置线为基准线），靠墙的一块板应该离墙面有8～12mm的缝隙（根据各地区干湿度季节性变化量的不同适当调节），先用木块塞住，然后逐块排紧，竹地板固定先在竹地板的母槽里面成45度角用装饰枪钻好钉眼，再用钉子或螺丝斜向钉在龙骨上，钉长为板厚的2～2.5倍（宜采用40mm规格），钉间距宜在250mm左右，且每块竹地板至少钉两个钉，钉帽要砸扁，企口条板要钉牢排紧。板的排紧方法一般可在木龙骨上钉扒钉一只，在扒钉与板之间加一对硬木楔，打紧硬木楔就可以使板排紧。钉到最后一块企口板时，因无法斜着钉，可用明钉钉牢，钉帽要砸扁，冲进板内。企口板的接头要在木龙骨上，接头相互错开，板与板之间应排紧，木龙骨上临时固定的木拉条应随企口板的安装随时拆去，墙边的小木楔应在竹地板安装完毕后再拆除。钉完竹地板后及时清理干净，在拼缝中涂入少许地板蜡即可。

直接在地面上铺设竹地板时，可先检查基层的平整度，有凹陷部分须用水泥胶腻子将其补平。去除地表脏物、油污、蜡、漆、硫化物等物质，在找平层上满铺地垫（如铺20～30mm厚EPE带膜泡沫，起防潮、整平降噪作用），不用打胶；在地垫上拼装竹地板，宜在企口内采用胶粘；并在施工时应采用拉紧装置,保证拼缝严密。直接铺设竹地板时伸缩缝应适当增大,控制在10~15mm左右。

竹地板与其他材质地板相连接处应留出伸缩缝,并作"过桥"处理,即用成品金属条嵌入。

施工时,竹地板板缝宜控制在1mm左右,可根据季节不同适当调整,冬季铺板不宜太紧,夏季铺板不宜太松。

凡是锯开的竹地板,均要将板的锯开面用油漆封好,以防受潮后因异物附着而发生霉变。素板施工完毕后应上光打蜡。

(5) 安装踢脚板

竹踢脚板接缝为企口型,安装时钉明钉,须先用电钻打孔,安装较为不便,建议采用木踢脚板,施工及与竹地板配色较为方便。安装竹、木踢脚板前,墙上应每隔750mm预埋防腐木砖,如墙面有较厚的装修做法,可在防腐木砖外钉防腐木块找平,再把踢脚板用明钉钉牢在防腐木块上(竹地板须预先钻孔),钉帽砸扁冲入踢脚板内;如无预埋防腐木砖,可在不影响结构的情况下,在墙面上用电锤打孔(交错布置),间距适当缩小到450mm为宜,然后将小木楔(经防腐处理)塞入砸平代替防腐木砖。圆弧形踢角施工时,可将竹木地板按圆弧角度切成相应的梯形,用胶相互粘结,并用钉子钉牢。

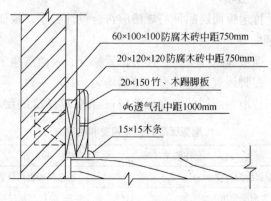

图27.6.2-2 竹踢脚板安装

踢脚板板面要垂直，上口水平，在踢脚板与地板交角处可钉三角木条（一般用于公用部分大面积竹地板，家庭内一般不采用），以盖住缝隙。踢角板阴阳角交角处和两块踢角板对接处均应切割成45°角后再进行拼装（竹踢脚板对接有企口），踢角板的接头应固定在防腐木砖上。踢角板应每隔1m钻直径6mm的通风孔。

踢脚板安装可参见图27.6.2-2。

27.7 质量标准

27.7.1 主控项目

（1）竹地板面层所采用的材料，其技术等级和质量要求应符合设计要求；木龙骨、毛地板和垫木等应做防腐、防虫处理。

检验方法：观察检查和检查材质合格证明文件及检测报告。

（2）木龙骨安装应牢固、平直。

检验方法：观察、脚踩检查。

（3）面层铺设应牢固；采用粘结方法时无空鼓。

检验方法：观察、脚踩或用小锤轻击检查。

27.7.2 一般项目

（1）竹地板面层品种与规格应符合设计要求，板面无明显色差，无翘曲等。

（2）面层缝隙应均匀、接头位置错开，表面洁净。

（3）踢脚线表面应光滑，接缝均匀，高度一致。

（4）竹地板面层的允许偏差应符合表27.7.2的要求。

竹地板面层的允许偏差和检验方法　　　表27.7.2

序号	项　目	允许偏差（mm）	检　验　方　法
1	板面缝隙宽度	0.5	用塞尺和钢尺检查
2	表面平整度	2	用2m靠尺和塞尺检查

续表

序号	项目	允许偏差（mm）	检验方法
3	相邻板材高低差	0.5	用钢尺和塞尺检查
4	板面拼缝平直	3	拉5m通线，不足5m拉通线用钢尺检查
5	踢脚线上口平齐	3	
6	踢脚线与面层的接缝	1	用塞尺和钢尺检查
7	四周伸缩缝	5	用钢尺检查

注：每室测量不少于两处，取最大值。

27.8 成品保护

27.8.1 铺装时尽量远离水源，避免大量的水接触，如有水泼溅时用柔软湿布或拖把及时轻擦清洁地面。注意防雨、防雪或其他液体侵入地板。

27.8.2 施工时要防止锐器划伤竹地板表面漆膜，不要使用铁锤敲击，只能用硬质橡胶锤等使其拼接平整。

27.8.3 可在门口放置一块柔软鞋垫，防止沙尘进入，在家具与地板的接触面可垫上一块柔软垫子，以免刮擦。搬动重物、家具等，以抬动为宜，勿要拖拽。

27.8.4 常开窗换气，调节室内空气温度和湿度。

27.8.5 板材尽量避免在阳光下长时间暴晒。

27.8.6 定期清洁、打蜡。清洁时用不滴水的拖布或柔软湿布顺着地板板条方向拖擦，避免含水率剧增。

27.9 安全环保措施

27.9.1 施工作业场地严禁存放易燃品，场地周围不准进行明火作业，现场严禁吸烟。

27.9.2 清理基层时，不得从窗口、洞口向外乱扔杂物，以免伤人。

27.9.3 施工的小型电动工具必须装有漏电保护器，作业前应试机检查，作业时应戴绝缘手套。

27.9.4 提高环保意识，严禁在室内基层使用有严重污染物质，如沥青、苯酚等。

27.9.5 基层和面层清理时严禁使用丙酮等挥发、有毒的物质，应采用环保型清洁剂。

27.10 质量记录

27.10.1 竹地板面层的条材和块材的商品检验合格证。

27.10.2 木搁栅、毛地板含水率检测报告。

27.10.3 木搁栅、毛地板铺设隐蔽验收记录。

27.10.4 胶粘剂、人造板等有害物质含量检测记录和复试报告。

27.10.5 竹地板面层工程检验批质量验收记录。

27.10.6 其他记录。